BASTEI LÜBBE

WELTRAUM-ZIRKUS d'Alembert

Die Geheimwaffe des Imperiums

Die große SF-Serie von
E. E. »DOC« SMITH
mit Stephen Goldin

Band 2
Der Killer-Mond

BASTEI LÜBBE

BASTEI-LÜBBE-TASCHENBUCH
Science Fiction Abenteuer
Band 23 041

Deutsche Lizenzausgabe 1985
Bastei-Verlag Gustav H. Lübbe GmbH & Co., Bergisch Gladbach
Originaltitel: Strangler's Moon
Ins Deutsche übertragen von Dr. Ingrid Rothmann
Titelillustration: David B. Mattingly
Umschlaggestaltung: Quadro-Grafik, Bensberg
Druck und Verarbeitung:
Elsnerdruck GmbH, Berlin
Printed in Western Germany
ISBN 3-404-23041-8

Der Preis dieses Bandes versteht sich einschließlich
der gesetzlichen Mehrwertsteuer.

I

Räuber und Beute

Das Golden Crater Casino gehörte ohne Zweifel zu den größten und schicksten Spielhöllen der Galaxis. Schon nach einem kurzen Rundgang durch die bevölkerten Wandelgänge und die noch dichter bevölkerten Spielsäle konnte man feststellen, daß es seinem Ruf als exotisches, Nervenkitzel bietendes Etablissement voll gerecht wurde. Die Menschen drängten sich hautnah um die Spieleinrichtungen, in dem fanatischen Eifer, unbedingt ihr Geld an das Unternehmen zu verlieren. Weibliche Wesen in knappster Kostümierung flanierten durch die Räume, nach außenhin als Fotografinnen, Bedienungspersonal und dergleichen tätig – obwohl es allgemein bekannt war, daß man sie mit einer Fünfzig-Credit-Note zu ganz anderen Dienstleistungen bewegen konnte.

Die Großen und Beinahe-Großen vermengten sich an den Tischen und gingen in den Scharen jener auf, die nur reich waren, sich aber noch den Hoffnungen auf Größe hingaben. Hier streifte ein Star der Showwelt eine Gräfin, dort stieß der Präsident einer Mammutfirma mit einem bekannten Nachrichtenkommentator zusammen.

Gesellschaftlicher Rang und Ansehen spielten hier im Kasino keine große Rolle. Die einzig interessante Frage lautete: Ist das ein geschickter Spieler, hatte er heute das Glück auf seiner Seite gehabt?

Doch so gut besucht und elegant das Golden Crater auch war, es stellte im Vergleich mit anderen »Etablissements« nur Durchschnitt dar, denn der Mond Vesa, auf dem sich das Kasino befand, hatte sich die Bezeichnung »Spielplatz der Galaxis« zugelegt – und Zyniker hatten dafür noch eine Vielzahl anderer Bezeichnungen zur Hand.

Nils Bjenden, ein Bankier vom Planeten Lindstrom, stand seitlich von einem Eingang und blickte angewidert in den überfüllten Raum. Hier war es so voll, daß er kaum die andere Seite sehen konnte. Die Decke wölbte sich hoch über ihm, angestrahlt von einer darauf projizierten, kaleidoskopartigen Licht-Show, die im Zusammenspiel mit dem jeweils sich verändernden Lärmpegel im Raum ständig die Farbe wechselte. Aber er war schließlich nicht gekommen, um die Decke anzustarren, er wollte spielen, doch die Menschen drängten sich hier so dicht, daß er keinen einzigen Spieltisch sehen konnte.

»Ich sagte ja, wir hätten viel früher hier sein müssen«, sagte er zu seiner Frau Karen, die neben ihm stand und sich so verwirrt umschaute, wie er sich fühlte. Nils mußte schreien, um sich mit seiner Frau verständigen zu können, obwohl sie dicht neben ihm stand. »Aber du wolltest ja unbedingt zuerst essen gehen. Wir hätten früher aufbrechen müssen.«

»Ich wußte doch nicht, daß es hier so voll sein würde«, sagte sie beschwichtigend.

Ein Fremder, der hinter ihnen stand, kam der Frau zu Hilfe. »Ihre Frau trifft keine Schuld, Gospodin. Das Golden Crater ist rund um die Uhr gesteckt voll. Sie kennen ja den Slogan: ›Vesa ist der Mond, der nie zur Ruhe geht‹. Die Kasinos sind der beste Beweis dafür.«

Nils brummte etwas vor sich hin und wollte weggehen, doch Karen stürzte sich in ein Gespräch mit dem Mann, der sie vor einem Ehekrach bewahrt hatte. »Sie scheinen sich hier auszukennen? Leben Sie auf Vesa?«

Der Fremde lachte. Er war groß und dünn, sein Blick war nachdenklich, die Haut dunkel. Gekleidet war er fast so konservativ wie Nils: leichte braune Jacke, weite Hosen, steifer weißer Kragen und um die Hüften eine goldene Schärpe.

»Nein, Gospoza, darauf lege ich keinen Wert. Mir ist es hier viel zu hektisch und betriebsam. Nach vierzehn Tagen würde ich glatt überschnappen. Ich bin viel unterwegs und komme ziemlich oft hierher, mindestens alle zwei Monate.«

»Wir sind zum ersten Mal da«, schwärmte Karen. »Ich hatte es mir seit Jahren schon gewünscht – nicht, daß wir es uns nicht leisten könnten. Aber Nils, mein Mann, ist Bankier und steckt bis oben in Geschäften. Man möchte meinen, der ganze Planet würde in Stücke fallen, wenn er nicht auf dem Posten ist. Schließlich mußte ich ihm ordentlich zusetzen. Ich sagte ihm, entweder wir fahren zur Vesa, oder du wirst mich kennenlernen!«

»Hm, ja«, brummte ihr Gatte, während er sich den Hals verrenkte, um die Schar der Spieler zu überblicken. »Einen komischen Urlaub nenne ich das. Seit wir da sind, keinen Augenblick Ruhe. Immer nur Menschen, Menschen und wieder Menschen. Wie war doch gleich Ihr Name?«

»Lessin«, gab der Fremde zurück. »Aber wenn Sie das hier schon als übervölkert ansehen, dann müßten Sie erst mal sehen, wie es auf Chandakha zugeht.«

Karen brauchte einen Augenblick, bis sie begriff, was er meinte.

Der Mond Vesa war so berühmt, daß man meist den Planeten vergaß, den er umkreiste. »Ach ja, ich erinnere mich. Auf der Fahrt hierher las ich darüber. Die haben dort Probleme mit dem Bevölkerungszuwachs.«

»Milde ausgedrückt.« Lessin schloß die Augen und imitierte ein Schaudern, als hätte ihn ganz persönlich ein Alptraum überfallen. »Dort steht es so schlecht, daß die Menschen beinahe wie Tiere leben.«

Der Ton seiner Stimme hatte zur Folge, daß auch Karen ein Schaudern überfiel. »Nun, da bin ich aber froh, daß ich hier bin, inmitten zivilisierter Menschen.«

»Ich nicht«, brummte Nils. »Ich hätte nicht von Lindstrom weggehen sollen, noch dazu, da wir kurz vor einem großen Geschäft stehen. Mir gefällt es gar nicht, daß ich mich durch all die Menschen durcharbeiten muß, nur um an einen Tisch ranzukommen und ein Spielchen zu machen.«

»Da gebe ich Ihnen recht«, sagte Lessin liebenswürdig. »Ich selbst ziehe die Privatklubs vor. Wenn ich hier nicht eine Verabredung mit einem Bekannten hätte, wäre ich jetzt anderswo, glauben Sie mir.«

»Ich wußte gar nicht, daß es hier private Klubs gibt«, sagte Karen.

»Nun ja, sie machen nicht viel Aufhebens von sich. Auf diese Weise gelingt es ihnen, privat zu bleiben. Solche Menschenansammlungen wie hier wollen sie tunlichst vermeiden.«

»Und wie sehen diese Privatklubs aus?« wollte Nils wissen.

»Viel kleiner und intimer. Ein paar Dutzend Menschen, nicht mehr. Die Atmosphäre ist natürlich viel entspannter. Die Einsätze sind verschieden hoch – es hängt natürlich davon ab, wohin man geht.«

»Glauben Sie, daß wir eine Chance hätten, in einen Privatklub hineinzukommen?« fragte Nils. »Hier kommen wir mit Sicherheit nicht zum Zug.«

Der Fremde zögerte. »Wissen Sie, eigentlich sind diese Klubs nur für Mitglieder zugänglich . . .«

»Sie sind doch sicher irgendwo Mitglied, oder?«

»Nils! Du kannst dem Herrn doch nicht zumuten . . .«, mahnte Karen.

»Ach, keine Spur. Ich wollte eben sagen, daß die Klubs für Mitglieder und deren Gäste zugänglich sind. Ich wollte ohnehin meinen Bekannten dorthin mitnehmen, aber«, er warf einen Blick auf seine Ring-Uhr, »er hat sich bereits um eine halbe Stunde verspätet. Wie ich ihn kenne, hat er sich eines der Tanzmädchen aufgegabelt und mich völlig vergessen. Und ich gehe so ungern allein aus. Ehrlich gesagt, wollte ich Sie beide eben einladen, mit mir zu kommen.«

»Ja, das ist schon mehr nach meinem Sinn«, sagte Nils und rieb sich freudig erregt die Hände. Es war nicht zu übersehen, daß er einen ruhigen, gediegenen Abend mit einem gepflegten Spielchen der zügellosen Atmosphäre im Golden Crater vorzog.

»Klingt ja wundervoll«, beeilte sich Karen hinzuzufügen.

»Na fein, dann wäre ja alles geregelt. Ich hole rasch meinen Umhang und dann geht's los.« Lessin lächelte ihnen zu und durchquerte den Raum.

»Ein Glück, daß wir ihn kennengelernt haben«, flüsterte Karen ihrem Mann zu. Er konnte sie kaum hören, so laut ging es wieder zu. »Er scheint sich hier auszukennen.«

»Netter Kerl«, meinte Nils darauf.

Nach drei Minuten war ihr neuer Bekannter wieder zur Stelle. Das bodenlange Cape trug er elegant über seine große, schöne Gestalt drapiert. »Gehen wir?« fragte er.

Als sie hinaustraten und die Tür sich hinter ihnen schloß, bedeutete das plötzliche Absinken des Lärmpegels eine immense Erleichterung. Sie standen jetzt an einer der breiten Verkehrsadern, auf denen sich das öffentliche Verkehrsgeschehen von Vesa abspielte. Da es sich bei Vesa um einen Satelliten ohne Atmosphäre handelte, spielte sich das gesamte Leben auf Vesa unterirdisch, in den riesigen, ausgehöhlten Kammern und Tunnels ab, die den Mond durchzogen. Dieser Tunnel hier gehörte zu den »Hauptarterien«, und mit jeder Minute sausten Dutzende von Elektrofahrzeugen an ihnen vorbei.

»Gott sei Dank«, sagte Karen, als sie in dem verhältnismäßig ruhigen Tunnel standen. »Ich dachte schon, mir platzt das Trommelfell.«

»Die Fahrt zum Klub dauert nicht lange«, sagte Lessin. »Ich sehe mal, ob ich einen Jit kriegen kann.« Er stellte sich an den Rand des Gehsteiges und winkte einem der Fahrzeuge zu.

Endlich kam eines auf sie zugeholpert. Es war ein Bus oder »Jit« – auf Vesa das beliebteste Fortbewegungsmittel. »Jits« waren Privatfahrzeuge, die eine Kombination von Taxi und Bus darstellten. Jits konnten Fahrgäste nach Belieben aufnehmen und überall auf Vesa absetzen, ohne Rücksicht auf Fahrpläne. Kleine eingebaute Computer berechneten das Fahrgeld von der Abfahrtstelle bis zum Ziel.

Dieser Jit vor ihnen war offenbar ein altes Exemplar, denn die Farbe blätterte überall an seinen sechs Metern Länge ab. Das Glas der vier Fensterscheiben wies lange Sprünge auf. Als das Fahrzeug vor ihnen schließlich anhielt, sah die kleine Gruppe am Gehsteig die Insassen – ein halbes Dutzend schäbiger Typen in schmutzigen Lumpen. Die meisten unrasiert. Sie grinsten das gutgekleidete Trio schadenfroh an.

Lessin winkte dem Jit ab. »Da Sie das erste Mal hier sind, ist es besser, man schenkt Ihnen reinen Wein über das Problem ein«, erklärte er. »Privatautos sind hier sehr rar. Fast alle benutzen die Jits, weil man dadurch flexibler ist. Aber gewisse kriminelle Elemente machen sich dies zunutze und haben es besonders auf Neuankömmlinge wie Sie abgesehen. Jemanden niederzuschlagen und auszurauben, ist für sie eine Kleinigkeit. Kaum eine Woche vergeht, ohne daß man in den Nachrichtenrollen liest, wie Touristen in einem Privat-Jit ausgeraubt wurden.«

»Ach du liebe Güte«, meinte Karen.

»Davon habe ich gehört«, sagte Nils gedehnt. »Aus diesem Grund habe ich immer einen kleinen Stunner in der Tasche.«

»Eine weise Vorsichtsmaßnahme«, meinte Lessin mit einem Nicken. »Trotzdem muß man bei der Wahl eines Verkehrsmittels ein wenig Vorsicht walten lassen, dann erübrigt sich das Tragen einer Waffe. Ach, da kommt etwas Besseres, das sieht schon passabler aus.« Er winkte einem Jit, der eben die Straße entlangkam.

Ja, dieser war akzeptabel. Er war nicht nur neu und sauber, die sechs Insassen waren auch anständig aussehende Menschen, die den neu hinzukommenden Fahrgästen keinerlei Beachtung schenkten. Lessin bestand darauf, für alle drei den Fahrpreis zu bezahlen, als er dem Fahrer die Adresse angab. »Es dauert nur wenige Minuten«, sagte er zu den Bjendens. »Sie können sich ein wenig ausruhen.«

Das Paar von Lindstrom folgte seinem Rat. In diesen Tunnels gab es wenig zu sehen, aber das Fahrzeug selbst war für sie interessant. Da es sich nicht schneller als mit dreißig Stundenkilometern fortbewegte, und da die klimatischen Verhältnisse in diesen Korridoren perfekt gelöst waren, war der Jit ein offenes Fahrzeug ohne Dach. Der leichte Fahrtwind machte sich angenehm erfrischend bemerkbar.

Nach zwei Minuten fuhr der Jit in einen Seitentunnel ein, ein wenig dunkler als in den Hauptverkehrsadern. Lessin warf einen Blick nach oben, und ein Ausdruck des Entsetzens huschte über sein Gesicht. »Nein!« rief er aus.

»Was ist denn?« fragte Nils.

»Die Decke stürzt ein! Da oben ist ein Riß. Sehen Sie?« Nils und Karen verrenkten sich den Hals, um zu sehen, was der Fremde ihnen zeigte.

Genau in diesem Augenblick erwachten die anderen sechs im Jit blitzartig und wurden aktiv. Zwei packten die Füße der Bjendens und hielten sie fest, so daß sie nicht davonlaufen konnten. Zwei andere packten die Arme, so daß sie sich nicht wehren konnten. Die restlichen zwei zogen sich ihre gelben Halstücher in einer einzigen, blitzartigen Bewegung vom Hals und schlangen sie dem Ehepaar um die Kehle. Die nach oben gereckten Hälse boten sich ihnen ideal dar – ein leicht zu erreichendes Ziel.

Die zwei Touristen waren so überrascht, daß sie gar keinen Befreiungsversuch unternommen hätten, auch wenn ihnen die Männer, die sie festhielten, dazu Gelegenheit geboten hätten. Als die Halstücher immer würgender wurden, quollen ihnen die Augen aus dem Kopf, die Kehlen wurden zugedrückt, die Luftzufuhr abgeschnitten. Ein leises Gurgeln war das einzige Geräusch, als Nils und Karen um Atem rangen.

Als letzten Anblick sahen sie Lessins ungerührtes Gesicht, das sie mitleidlos und ohne Bedauern anstarrte.

Als beide endlich tot waren, war es an Lessin, dem Anführer der Würger, die Leichen zu durchsuchen. Das erledigte er gründlich und hatte nach einer Minute beide Tote um alles Wertvolle erleichtert – Brieftaschen, Schmuck und Hotelschlüssel, die Zutritt zu weiteren Wertsachen ermöglichten.

Der Zeitplan des Fahrers war perfekt – kaum war der Anführer mit der Durchsuchung zu Ende, fuhr der Jit vor einem großen weißen Gebäude vor. Während er in eine private Zufahrt einbog, ließ der Fahrer zweimal scharf die Hupe ertönen, und eine weiße Seitentür glitt auf. Vier Männer in weißen Coveralls kamen aus dem Haus und stiegen zu. Sie sahen die zwei Toten, hoben sie kommentarlos auf und trugen sie hinaus. Lessin bedachte sie mit einem kurzen Nicken, als sie mit der Last im Haus verschwanden. Die Tür glitt wieder zu.

Der Jit reihte sich wieder in den Hauptverkehrsstrom ein, und der Anführer der Würgerbande setzte sich in einen Sitz hinter dem Fahrer. Lässig ließ er die Schlüssel der Bjendens in seiner Hand klimpern. Nach einer gründlichen Durchsuchung ihrer Zimmer würde man die Bjendens im Hotel »abmelden« und sie würden vom Angesicht des Universums verschwinden, wie viele Tausende vor ihnen. Höchst einfach und routinemäßig.

Lessin konnte ein Gähnen nicht unterdrücken. Der Bankier und dessen Frau hatten sein Tagespensum auf sechs erhöht. Er entschloß sich, einen Versuch zu wagen und die Zahl auf acht zu steigern. Dann wollte er für heute Schluß machen. Er unterdrückte ein weiteres Gähnen und wies den Fahrer an, wieder das Golden Crater anzusteuern. Dort boten sich heute besonders gute Möglichkeiten.

Der als Garst bekannte Mann schäumte insgeheim, während er den Marmorboden der Eingangshalle überquerte. Er machte keinen Versuch, das laute Klicken seiner Stiefel, welches jeden seiner ungeduldigen Schritte begleitete, zu dämpfen. Er war wütend und wollte, daß man ihm die Wut anmerkte.

Ihre Zeiteinteilung ist richtig lausig, wütete er insgeheim. Gerade jetzt, fluchte er, als sich mir endlich die Chance bot, mit dem Abgesandten der Gräfin von Sternberg ins Gespräch zu kommen! Das wäre eine Gelegenheit gewesen, aus der Abhängigkeit von diesem kleinen Mond auszubrechen – eine Chance, endlich nach Höherem streben zu können!

Aber vielleicht war gerade das der Grund, warum sie ihn hatte rufen lassen. Vielleicht wollte sie verhindern, daß er sich ihrem Zugriff entzog. Denn diese Markgräfin Gindri war eine überaus besitzergreifende Person. Und der Gedanke, daß ihr Leiblakai nach etwas Höherem als nach ihrer Person streben könnte, würde ihr unerträglich sein. Und dabei habe ich, dachte er bei sich, alles darangesetzt, diese Zusammenkunft geheimzuhalten!

Er hielt vor der Riesentür an, die den Eingang zu ihrem Boudoir bildete. Die Türflügel waren an die drei Meter hoch, kunstvoll aus schwerem, hellem Holz geschnitzt und mit Zieraten reich geschmückt. Die Türknäufe aus massivem Gold hatten die Form von Miniaturvögeln, die mit ausgebreiteten Schwingen flogen. Die Tür sollte Besucher gebührend beeindrucken, aber Garst war schon zu oft hier gewesen und so erschien sie ihm als nichts anderes, als eine gewöhnliche Tür.

Er hielt kurz an, um Atem zu holen und sein Temperament zu zügeln. Vielleicht war es nur ein Zufall gewesen, daß sie ihn hatte rufen lassen. Schon oft hatte sie ihn zu den unmöglichsten Zeiten herbeizitiert, und vielleicht war es heute nur Zufall.

Schließlich war sie nicht übermäßig mit Klugheit gesegnet, und er würde nur gut daran tun, seinem schlechten Gewissen – oder was immer er anstelle eines Gewissens besaß – nicht zu gestatten, ihr einen Verstand zuzuschreiben, den sie gar nicht besaß. Wahrscheinlich litt das Weibsstück bloß an ihrem üblichen Einsamkeitskoller und bedurfte dringend seiner Dienste.

Garst überlief ein Schaudern. Das war vermutlich der widerwärtigste Aspekt der Aktion – daß er mit diesem fetten, verfressenen Fleischberg der Liebe frönen mußte. Er litt unter der Angst, daß seine Empfindlichkeit einmal über den logischen Verstand den Sieg davontragen und ihn zu einem Liebesakt unfähig machen könnte.

Er seufzte. Die Wahrheit war doch, daß er sie brauchte, um die Würgeaktionen durchführen zu können. Die Markgräfin hatte den gesamten Mond, wenigstens nominell, unter Kontrolle. Sie erteilte der Polizei Befehle, den Hotelbesitzern, Angestellten und den Kasinos. Sicher, er war derjenige, der ihr sagte, was sie zu befehlen habe – aber ohne ihre Autorität und ihren Titel als Hintergrund wäre er verloren.

Wieder ging ihm der herrliche Gedanke durch den Kopf, er könne sie ermorden. So oft schon hatte er sich ausgemalt, wie er die Hände ausstreckte, sie um den dicken Hals mit dem Vielfachkinn legte und ihr die Seele aus dem Leibe drückte. Aber trotz der enormen persönlichen Befriedigung, die ihm diese Tat verschaffen würde, wären die Folgen katastrophal. Gindri hatte keine direkten Titelerben. Nach ihrem Tod würde Vesa wieder dem Thron anheimfallen, und der Kaiser konnte jeden Beliebigen zum Markgrafen machen. Und da er Stanley den Zehnten als Unbestechlichen kannte, würde der Erwählte mit Sicherheit jemand sein, den Garst nie in seine Gewalt bekäme.

Wieder stieß er einen Seufzer aus. Sein Erfolg war darin begründet, daß er Gindri am Leben ließ und sie hin und wieder beglückte, so daß sie sich nicht in das profitbringende Geschäft mischte, das er aufgebaut hatte. Garst war, wenn schon sonst nichts, ein Realist.

Garst hatte sich gefaßt und öffnete die große Doppeltür. Im Nu überflutete der betäubende Duft des Parfums der Markgräfin seine Geruchsnerven, und er mußte gegen Übelkeit ankämpfen ... Dessen ungeachtet, betrat er mit seinem liebenswürdigsten Lächeln den Raum und eilte geschmeidigen Schrittes an ihr Lager.

Markgräfin Gindri Lohlatt von Vesa sah aus wie ein gestrandeter Wal in einem weißen Satinnachthemd. Sie brachte mit Leichtigkeit 150 Kilo auf die Waage. Wieviel sie eigentlich wog, hatte Garst nie gefragt, mehr aus Angst vor daraus resultierender Abscheu, als aus Höflichkeit. Ihr fettes Gesicht war ständig gerötet und schwammig. Das vielfach gegliederte Kinn lappte mit seinen Speckfalten über den Hals und machte ihn praktisch unsichtbar. Ihr Leib war weich und blaß wie der einer Schnecke. In einer Welt mit normaler Schwerkraft hätte sie sich gar nicht fortbewegen können, dachte Garst bei sich. Nur die Tatsache, daß die Gravitation auf Vesa nur ein Viertel des Erdstandards betrug, gestattete ihr ein Leben ohne Herzattacken.

»Exzellenz haben mich rufen lassen?« fragte er so zuvorkommend wie möglich.

»Ja«, sagte sie. Ihre Stimme war ein Krächzen, das aus den Tiefen ihrer Kehle drang. Sie streckte ihm einen gewichtigen Arm mit einer ballonrunden Hand entgegen. Garst führte die Hand an seine Lippen und drückte einen Kuß darauf.

Er wollte ihre Hand loslassen, doch die Markgräfin ließ nicht locker und zog ihn dichter an sich heran. Mit jedem Zentimeter, den er näherkam, verzehnfachte sich die Stärke ihres Parfums.

Es herrschte längeres Schweigen, bis Garst endlich seiner Ungeduld Luft machte. »Darf ich fragen, Exzellenz, warum Ihr um diese ungewöhnliche Stunde nach mir geschickt habt? Obgleich natürlich die Dringlichkeit von Staatsgeschäften neben meinem Verlangen, Euch zu erfreuen, verblaßt, so gibt es doch einige wichtige Angelegenheiten, die zu bestimmten Zeiten erledigt werden müssen.«

Markgräfin Gindri sah mit großen Triefaugen zu ihm auf. »Du hast mich seit drei Tagen nicht mehr besucht.« Das brachte sie mit zitternder Stimme vor, als stünde sie knapp vor einem Tränenausbruch. »Ich muß wissen, ob du mich noch liebst.«

Obwohl ihm äußerlich nichts anzumerken war, fing Garst

wieder innerlich zu schäumen an, jetzt bereits hochgradig erbost. Deswegen also, schimpfte er innerlich, hat mich diese dumme Kuh den ganzen Weg machen lassen? Ach, es wird eine Wohltat sein, wenn ich diesem Mond den Rücken kehre und endlich mein eigenes Geschäft aufziehe.

»Natürlich liebe ich dich«, sagte er und ließ sich auf dem spärlichen Platz nieder, den der massige Leib der Frau freiließ. »Was gäbe es an dir, das ich nicht lieben könnte? Du bist schön, intelligent, eine Persönlichkeit, reich und mächtig – Eigenschaften, die ich an einer Frau am meisten bewundere.« Und ergänzte innerlich: Wenn du das glaubst, gebührt mir der Galaxispreis für Schauspielkunst.

Aber die Markgräfin sah in seinen Worten und Blicken keine Lüge und ließ sich von seinen fortgesetzten Zuneigungsbeteuerungen täuschen. Sie breitete die Arme aus, um ihn an ihren Busen zu drücken. »Komm zu mir, mein Lämmchen, und beweise deine große Liebe.«

Mit Gedanken, die schwärzer waren als die Schwärze des Weltalls, kroch Garst in ihre Arme. Nun, tröstete er sich innerlich, ewig werde ich nicht an diesem jämmerlichen Fleischberg kleben müssen – und wenn der Tag gekommen ist, sorge ich dafür, daß du kriegst, was dir gebührt. Nur abwarten!

II

Das große Problem auf Vesa

Während die »La Comète Cuivré« zielbewußt durch die Leere des interplanetarischen Raumes auf den Treffpunkt zusteuerte, waren die zwei Insassen aufs äußerste gespannt vor Ungeduld und Aufregung. Yvette und Jules d'Alembert waren drei Monate lang »beurlaubt« gewesen – viel länger, als ihnen lieb war – und sie lechzten geradezu nach Aktivität.

»Möchte wissen, was uns diesmal bevorsteht«, dachte Yvette laut. »Ob es noch weitere Großherzoge gibt, die Komplotte gegen den Thron schmieden?«

»Wahrscheinlich nichts so Dramatisches«, sagte ihr Bruder lächelnd. Er benutzte dabei ihre Muttersprache, ein englisch-französisches Patois. »Schließlich bedarf es keiner direkten Bedrohung des Kaisers, damit der Friede bedroht wird. Der Kampf gegen den Unfrieden auf der Welt ist ein immerwährender, allgegenwärtiger.«

Sie verstummten, als ihr Radarskop anzeigte, daß sie sich dem Ziel näherten. Jules berechnete hastig die Annäherungsdaten und gab sie dem Schiffscomputer ein. Augenblicke später erfolgte ein Aufblitzen am Kontrollpaneel vor ihnen und fünf Sekunden darauf ein kurzer Schub der Retroraketen. Die Comète würde nach den auf Jules' Sichtschirm aufblitzenden Zahlen zu schließen in vier Minuten, siebenunddreißig Sekunden das Andockmanöver mit dem anderen Schiff beginnen.

»Sehen wir mal, wie das Ding aussieht«, sagte Yvette und griff nach einem anderen Schalter. Beide wandten die Köpfe zu einem rechts von ihnen befindlichen Paneel hin, wo ein Sichtschirm, der bis jetzt dunkel war, zum Leben erwachte. Obwohl sie verstandesmäßig wußten, was sie zu erwarten hatten, konnten sie doch Ausrufe des Staunens nicht unterdrücken, als sie das Schiff erblickten, dem sie sich näherten.

Die »Anna Liebling« war sicher das größte private Raumschiff, das sie je gesehen hatten. Die d'Alemberts waren inmitten von Zirkusschiffen aufgewachsen, die das gesamte Personal und die Ausrüstung der größten Galaxis-Show zu befördern hatten, monströse dickleibige Frachter, die bis zu hundert Metern maßen. Das wurde als Maximalgröße für jedes Schiff angesehen, das sich durch eine Atmosphäre manövrieren und auf der Oberfläche eines Planeten landen mußte, und sie hätten nie gedacht, jemals etwas Größeres zu sehen zu bekommen, Schlachtschiffe inklusive. Aber jetzt war es soweit.

Das Schiff vor ihnen sah aus wie eine riesige rechteckige Box, 125 m lang und etwa 50 m breit und hoch. Die Außenhülle war unansehlich und von ungezählten Milliarden Begegnungen mit Mikrometeoriten durchlöchert. Es war ein Schiff, das man nur im Raum selbst bauen konnte und das nicht imstande war, zu landen. Die wie ein pfeilförmiger Splitter wirkende zehn Meter lange Comète nahm sich neben dem Raumungeheuer winzig und unbedeutend aus.

»Wumm«, flüsterte Yvette. »Hoher Rang bringt eben seine Privilegien mit sich.«

Während sie sich dem enormen Schiff immer mehr näherten, glitt ein Teil des Rumpfes auf, und wie zwei moderne Nachfahren des biblischen Jonas' wurden die zwei d'Alemberts samt ihrem Schiff von dem Raum-Wal gänzlich verschluckt.

Hinter ihnen schloß sich der Rumpf, und ihr Schiff befand sich nun im Inneren eines Riesenhangars neben anderen kleineren Fähren, welche die Passagiere der »Anna Liebling« zum Schiff oder fortbrachten. Von einer Hangarwand schlängelte sich eine lange Metallröhre von drei Metern Durchmesser auf das Schiff der d'Alemberts zu und machte an der Luftschleusenluke fest. Der Hangar selbst war nämlich zu groß, um als Luftschleuse benutzt zu werden. Zeit- und Energievergeudung wären zu groß gewesen, wenn man jedesmal Luft hinein- und wieder herausgepumpt hätte. Daher blieb der Hangar luftleer, und diese Transitröhren erlaubten den Passagieren, die kleinen Fähren zu verlassen, ohne daß sie Raumanzüge anziehen mußten.

»Na gut«, sagte Jules, als die Röhre sich mit einem Zischen luftdicht an ihre Schleuse ansaugte. »Hören wir uns mal an, was der Chef für uns auf Lager hat.«

In ihren grauen Coveralls, der üblichen Raumfahrerkluft, die ihnen lose am Leib hing, sahen weder Jules noch Yvette d'Alembert aus wie die zwei fähigsten, am besten ausgebildeten Geheimagenten der Galaxis – und doch waren sie es. Beide waren eine Spur zu klein geraten, wenn man irdische Durchschnittsmaßstäbe anlegte – Jules maß hundertdreiundsiebzig Zentimeter, während seine Schwester zehn Zentimeter kleiner war –, doch dies rührte daher, daß sie nicht von der Erde stammten. Beide waren Eingeborene des Planeten DesPlaines, jener harten Bergbauwelt, deren Oberflächenschwerkraft das Dreifache der irdischen betrug. Im Verlauf der vierzehn Generationen, die ihre Familie auf diesem Planeten verlebt hatten, hatten sie sich dem Leben unter extremen Bedingungen gut angepaßt.

Unter den losen Anzügen waren ihre Körper mit massiver

Muskulatur bepackt, die der starken, kraftverzehrenden Zugkraft der Gravitation ihrer Welt Widerstand zu leisten hatten. Ihre Reflexe waren blitzschnell, nicht von ungefähr, denn auf einem Planeten, auf dem Gegenstände mit gesteigerter Geschwindigkeit hinunterfielen, konnte schon ein leichtes Stolpern verhängnisvoll sein. Die Knochen der d'Alemberts waren schwerer und härter als die eines Erdenbewohners, ihre Sehnen widerstandsfähiger, die Muskeln stärker.

Aber ihr Erbe beinhaltete mehr als bloß leistungsfähige Körper. Die Familie d'Alembert leitete seit zweihundert Jahren den Zirkus der Galaxis und trat darin selbst auf. Dieser Zirkus stellte die größte Attraktion in dem von Menschen bewohnten Raum dar. Jules und Yvette waren über zwölf Jahre lang die Top-Akrobaten des Zirkus gewesen, und dabei waren ihre bereits vollkommenen Körper durch intensives Training und die unglaublichen Anforderungen ihrer Kunst zu klinischer Präzision gestählt worden.

Vor einigen Monaten hatten Jules und Yvette jedoch dem Zirkus den Rücken gekehrt. Nach außen hin war ihr Ausscheiden nicht zu bemerken, denn ihre jüngeren Vettern waren für sie eingesprungen und traten jetzt als »Jules und Yvette« auf, während ihre Vorgänger – dem Beispiel ihrer eigenen Vorgänger folgend – sich ihrem wahren Beruf widmeten: Sie wurden zu Geheimagenten des »Service of the Empire«, kurz »SOTE« genannt.

Von Anbeginn an hatte der Zirkus die SOTE mit Spitzenkräften versorgt. Die besondere Geschicklichkeit der Artisten stellte für die Erfordernisse des Service den Idealfall dar. Dazu kam die Tatsache, daß die Familie d'Alembert, die unter der Führung Herzog Etiennes d'Alembert stand, immer außergewöhnlich intelligent und dem Thron zweifelsfrei ergeben war. Überdies konnte der Zirkus die ganze Galaxis befahren, ohne Verdacht zu erregen. Der Zirkus stellte die Geheimwaffe der SOTE im Kampf mit allen gegen die Ordnung gerichteten Kräfte dar, mit Betonung auf dem Wort geheim. Nur eine Handvoll Menschen wußte Bescheid – und da diese Handvoll nur die kaiserliche Familie, ferner das Haupt des Service und seine Erste Assistentin umfaßte, war das Geheimnis in der Tat ein gut gehütetes.

Als Jules und Yvette der Transit-Röhre entstiegen, wurden sie bereits von der Ersten Assistentin erwartet. Herzogin Helena von Wilmenhorst war unübersehbar irdischer Herkunft – groß, schlank und schön. Das lange schwarze Haar hatte sie in Flechten hinten zusammengesteckt, so daß es ihr auf dem Schiff nicht im Weg war. Offenbar standen nicht alle Teile der »Anna Liebling« unter Ultragravitation wie dieser besondere Teil.

Helena kam eilig auf sie zu. Jules bemerkte mit einem Lächeln, daß der braun-gelbe Hosenanzug ihre Figur äußerst vorteilhaft zur Geltung brachte. Sie ging direkt auf ihn zu, legte ihm den schlanken Arm um die Hüften und gab ihm einen herzlichen Begrüßungskuß. »Wie schön, Sie wiederzusehen«, sagte sie in einer Mischung aus Russisch und Englisch, der offiziellen Sprache der Galaxis. »Wie geht es Ihrem Bein?«

Jules faßte nach seiner linken Wade. »So gut wie neu. Die Ärzte verfügen heutzutage über unglaubliche Regenerationsmittel. Angeblich werde ich in ein oder zwei Monaten überhaupt nicht mehr spüren, daß ich je eine Strahlenverbrennung hatte.« Er und seine Schwester sprachen die Sprache des Empire so fließend wie ihre eigene.

»Das freut mich. Sie kämpften viel zu tapfer, als daß Sie ein für dauernd geschädigtes Bein verdient hätten.« Jetzt wandte sich Helena Yvette zu, umarmte sie ebenfalls. »Und wie geht es dir, meine liebe Evie?«

»Körperlich tadellos, aber ich stecke voller Ungeduld. Ferien sind eine Zeitlang ganz schön, doch wenn es zwischendurch keine Arbeit gibt, wird es rasch langweilig. Momentan giere ich nach Aktivität.«

»Die bekommst du«, versprach Helena. »Keiner von uns leidet an Arbeitsmangel. Vater wollte nur sichergehen, daß ihr euch vom letzten Abenteuer gut erholt habt, ehe er euch wieder losschickt. Und jetzt kommt mit – er wartet bereits.«

Helena ging ihnen durch das Labyrinth von Gängen voraus, die das Schiff durchzogen. Jules und Yvette staunten, wie luxuriös ein Raumschiff dieser Größe sein konnte. In kleinen Gangnischen hingen Gemälde der berühmtesten Künstler der Galaxis. Eine lange Wand, die über fünfzehn Meter reichte, zeigte als Wandmalerei eine atemberaubende Darstellung eines Sonnenunterganges über einer Ebene auf einer fremden Welt. Holobiles, dreidimensionale Farb-Laser-Bilder, hingen von der Decke und ließen ihre abstrakten Formen in einem Phantasiewind rotieren. Die Luft duftete nach Jasmin, obgleich die Duftnote eine kleine Abweichung aufwies.

Aber das Erstaunlichste war, daß ihnen auf ihrem Weg kein Mensch begegnete. Man hatte den Eindruck, daß die Gänge stark begangen waren, doch nirgends war eine Menschenseele zu sehen. Die Schritte der drei wurden hohl von den Metallwänden der Gänge zurückgeworfen.

Als Jules eine diesbezügliche Bemerkung machte, nickte die Führerin und faßte die Lage in einem einzigen Wort zusammen. »Geheimhaltung. Die ›Anna‹ hat eine Besatzung von über dreihundert Mann, aber wir ließen die Gänge heute eigens absperren. Ihr müßt wissen, ihr seid unsere Geheimwaffen. Obwohl alle an Bord Befindlichen völlig vertrauenswürdig sind, möchten wir nicht, daß man eure Gesichter mit der SOTE in Verbindung bringt, wenn es sich vermeiden läßt. Je weniger von der Verbindung wissen, desto sicherer seid ihr. Da sind wir schon«, fuhr sie fort und führte die d'Alemberts vor eine schlichte Metalltür mit der Aufschrift »Raum 10«. »Hier läuft alles zusammen. Vater dachte, hier drin könnten wir uns ganz vertraulich unterhalten.«

Als die Tür beiseite glitt, sahen die Agenten vor sich einen Raum, der sie durch seine Größe und funktionelle Schönheit zutiefst beeindruckte. Zylindrisch geformt, hatte der Raum einen Durchmesser von 15 Metern und war zehn Meter hoch. Eine spiralenförmige Rampe führte vom Boden bis zur Decke. Computerbänke und Sichtschirme verschiedener Art reihten sich auf dieser Rampe aneinander. Türen auf verschiedenen Stufen führten in die anderen Teile dieses gewaltigen Raumschiffes, denn hier befand sich ganz eindeutig die Verknüpfung, der Nexus, sämtlicher Aktivitäten an Bord.

An einem kleinen Pult in der Raummitte, von der leeren Größe dieses Nervenzentrums zu einem Zwerg gemacht, saß Großherzog Zander von Wilmenhorst, das Oberhaupt des *Service of the Empire.* Die konservative marineblaue Tunika ließ ihn in diesem überwältigenden Raum voller aufblitzender Lichter und ungehemmter, nicht zu überbietender Technik noch anachronistischer erscheinen. Die seinem Wesen zugrundeliegende Menschlichkeit war inmitten dieser Maschinerie fehl am Platz.

Seine physische Erscheinung kam über das Mittelmaß nicht hinaus. Er war mittelgroß und von durchschnittlichem Körperbau, sein fast völlig kahler Schädel glänzte unter den hellen Lichtern. Am auffallendsten waren die Augen, denn auch dem oberflächlichsten Beobachter konnte nicht entgehen, welch hohe Intelligenz dieser Schädel beherbergte. Zander von Wilmenhorst war der oberste Taktiker der Galaxis – und aus diesem Grund stand er der erstklassigsten Agentengruppe des Kaisers vor.

Doch in diesem Augenblick war das Oberhaupt weder Großherzog noch Chef. Er begrüßte Jules und Yvette als Neffen und Nichte. »Wie schön, euch wiederzusehen! Gut seht ihr aus«, sagte er, nachdem er Yvette mit einem galanten Handkuß und Jule mit einem festen Händedruck bedacht hatte. »Ich muß mich für die aufwendige Umgebung entschuldigen. Ansonsten arbeite ich ja lieber in meinem Büro, aber dies hier ist der sicherste Ort an Bord des Schiffes, und für euch beide ist das Beste gerade gut genug. Manchmal muß ich eben hier den Admiral mimen.«

Yvette sah sich um und konnte sich sehr gut vorstellen, wie es hier während einer Krisensituation zuging: Hunderte von Männern und Frauen, die an ihre Plätze eilten, hin und her liefen, dazu das leise Summen der interkontinentalen Gespräche, Schrittegeklapper auf dem Metallboden, das leise Chaos eines Nachrichtenzentrums. Und in der Mitte, jedes einzelne Detail überblickend, das Oberhaupt mit blitzenden Augen, eilig Anordnungen treffend.

Sie blinzelte und die Szene verschwand. Nur sie vier waren anwesend – vier Freunde in gemütlichem Gespräch. Der Chef führte sie zu einer Sitzgruppe. Yvette und Jules setzten sich an einen Tisch, Helena zur Linken ihres Vaters.

»Ich glaube, ihr wißt, daß ich euch nicht zu einer Gesellschaftsvisite eingeladen habe«, begann der Chef. »So lieb mir eure Gesellschaft ist, die Galaxis zwingt uns an die Arbeit. Schon was von Vesa gehört?«

»Wer nicht?« erwiderte Jules. »Einer der schicksten Orte der Galaxis, Spielplatz der Superreichen. Wie ich hörte, geht es dort ziemlich wild zu. Offen nach allen Seiten. Dort kann man sich alles erlauben, wenn man genügend Geld oder Einfluß hat.«

»Aber der Zirkus ist dort nie aufgetreten«, meinte Yvette. »Zumindest nicht zu unseren Lebzeiten. Sobald sich Vesa seinen Ruf als Vergnügungszentrum erworben hatte, beschloß man, dort ohne so ›einfache‹ Vergnügungen auszukommen, wie wir sie bieten. Wir sind für die zu simpel, deswegen laden sie uns gar nicht ein.«

Der Chef nickte. »Ja, und das kompliziert die Geschichte ein wenig. Normalerweise würde ich den Zirkus hinschicken, damit eure ganze Familie sich daranmacht herauszufinden, wo das Problem liegt. Aber wie die Dinge liegen, müßt ihr zwei allein es schaffen. Fühlt ihr euch der Aufgabe gewachsen?«

»Muß man Sterne zum Funkeln bringen?« sagte Yvette. »Uns plagt schon seit Wochen die Ungeduld. Ich könnte zehn Banions mit einer Hand erledigen.«

»Das wird hoffentlich nicht nötig sein. Banion der Bastard brauchte Jahre, um das Verschwörernetz aufzubauen, das ihr vernichtet habt.* Und es erstreckte sich über die gesamte Galaxis. Hier aber handelt es sich um ein lokales Problem, und ich möchte verhindern, daß es sich ausweitet und außer Kontrolle gerät.«

Der Chef trommelte mit den Fingern auf den Tisch und überlegte, wie er am besten beginnen sollte. »Wie ihr wißt, ist unser Service kein Polizeiapparat. Unser Hauptanliegen ist die Sicherheit des Imperiums und des Kaisers, nicht das Durchsetzen lokaler Gesetze. Die Stanley-Doktrin, die von Stanley III. ganz klar – und meiner Ansicht nach sehr klug – festgelegt wurde, überträgt die Verantwortung für die Durchführung der Gesetze dem ansässigen Adel als den Vertretern des Kaisers. Wir können das Imperium nur zusammenhalten, indem wir uns in lokale Affären nicht verwickeln lassen. ›Der beliebteste Herrscher ist der-

* Siehe Science-fiction-Taschenbuch 21094: »Die stählerne Festung«.

jenige, der sich nicht in die Angelegenheiten seines Volkes mischt‹, um mit Milney zu sprechen.

Andererseits können wir unsere Augen nicht vor allem verschließen. Das Imperium stützt sich auf interstellaren Handel. Wenn die Beziehungen zwischen den Welten betroffen sind, dann geht es den Kaiser sehr wohl etwas an – und als Folge davon auch den Service. Und das ist der Punkt, an dem Vesa hereinspielt.«

Der Chef stand auf und begann seinen Schreibtisch zu umwandern. »Der Planet Lindstrom hat vor kurzem mit Appeny ein großes landwirtschaftliches Geschäft abgeschlossen, eines, das beiden Seiten Trillionen Credits einbringen würde. Ich möchte euch nicht mit Einzelheiten langweilen, sie sind umfangreich und für uns unwichtig. Die Angelegenheit wurde größtenteils unter der Leitung eines einzigen Mannes durchgeführt – Nils Bjenden, des einflußreichsten Bankmannes von Lindstrom. Seine Bank wollte für die finanzielle Seite geradestehen. Mehr noch, seine persönliche Integrität war es, die beide Seiten bei der Stange hielt.

Vor drei Wochen verschwand dieser Nils Bjenden samt Frau. Das Abkommen zwischen den zwei Planeten verlief im Sande und brachte für beide Welten große wirtschaftliche Härten mit sich. Ich muß betonen, daß keine Seite durch das Verschwinden der beiden etwas zu gewinnen hatte, die Katastrophe kam alle teuer zu stehen. Und das ist der Punkt, an dem der Service Interessen hat. Schließlich bringt ein Fiasko dieser Größenordnung wirtschaftliche Erschütterungen für die ganze Galaxis mit sich, und das gefällt uns nicht. Der Chef des Service auf Lindstrom begann mit Nachforschungen. Er wollte herausbekommen, warum das Abkommen scheiterte und was aus den Bjendens geworden ist.«

Der Chef beendete seinen Rundgang und nahm vor dem Tisch Aufstellung. Er lehnte sich an den Tisch und sah die d'Alemberts direkt an. »Es stellte sich heraus, daß die Bjendens kurz vor Abschluß des Vertrages einen Kurzurlaub planten. Sie waren reich und konnten sich einen Raumflug leisten und entschlossen sich für einen Urlaub auf Vesa, wo sie noch nie gewesen waren. Bis dahin hinterließen sie eine deutliche Spur. Auf dem Raumschiff nach Vesa wurden sie von jeder Menge Menschen gesehen, dann liegt noch ein Bericht darüber vor, daß sie in einem Hotel abstiegen. Aber von da an wird alles unklar. Plötzlich sieht man sie weder im Hotel noch anderswo. Ihre Rückfahrttickets wurden storniert und vergütet, neue buchten sie nicht. Sie wurden von Vesa spurlos verschluckt. Mehr konnte unser Mann auf Lindstrom von sich aus nicht herausbekommen, deswegen gab er den Fall – mit Dringlichkeitsstufe IV – an die SOTE-Abteilung auf Chandakha.«

»Chandakha?« warf Jules ein. »Wo ist denn das? Ich dachte schon, ich kenne die meisten Planeten, aber der klingt mir unbekannt.«

»Interessant, wie sich die Dinge entwickeln können«, sagte der Chef und lächelte über Jules' Verwirrung. »Alle Welt weiß, daß Vesa ein Mond ist, aber er ist so berühmt geworden, daß er im wahrsten Sinne des Wortes den Planeten verdunkelt, den er umkreist. Chandakha ist ein Planet, wenig größer als die Erde selbst. Er wurde vor etwa dreihundert Jahren von Menschen asiatischer Herkunft besiedelt – insbesondere von Menschen des indischen Subkontinentes. Chandakha war immer schon ein relativ armer Planet. Die Menschen können sich zwar recht und schlecht selbst ernähren, aber mit der übrigen Galaxis wird wenig Handel getrieben. Ihre große Trumpfkarte ist Vesa, und auf ihn konzentriert sich die allgemeine Aufmerksamkeit.

Na, jedenfalls erhielt unsere SOTE-Chefin auf Chandakha namens Marask Kantana den Bericht von Lindstrom und machte sich unverzüglich an die Arbeit, da es sich um eine hohe Dringlichkeitsstufe handelt. Auf Chandakha war es immer sehr ruhig, deshalb ist ihre Abteilung nicht sehr groß, aber sie recherchierte nach besten Kräften. Sämtliche gängigen Orte wurden abgesucht. Und die Antwort war die gleiche wie auf Lindstrom – nämlich, daß die Bjendens einfach verschwunden waren. Die Polizei auf Vesa beschränkte sich auf Achselzucken und behauptete, an ihr läge es nicht – es kämen andauernd so viele Durchreisende, daß sie unmöglich jeden einzelnen im Auge behalten können. Sie waren sehr höflich, aber ihr Mangel an Hilfsbereitschaft brachte Kantana auf die Palme, und als kluge Frau beschloß sie, den Dingen auf den Grund zu gehen.

Und was sie entdeckte, war eine Riesenüberraschung. Sie überprüfte die Angaben genau, prüfte nochmals nach und verwob sich praktisch in ein Netz von Ergebnissen. Als sie sicher sein konnte, daß die Fakten unanfechtbar waren, schickte sie uns diese auf die Erde – diesmal Dringlichkeit VIII.«

Jules und Yvette wechselten einen überraschten Blick. Dringlichkeit VIII war von einer planetenweiten Katastrophe nicht weit entfernt. Plötzlich hatte der Fall unheimlichere Formen angenommen als das bloße Verschwinden eines Bankiers mit Frau.

Der Chef nahm drei Buchrollen vom Schreibtisch. »Das sind ihre Entdeckungen«, sagte er. »Sie kamen direkt zu Helena, und sie legte sie mir sofort vor. Ich werde sie euch mitgeben. Wahrscheinlich werden sie euch den gleichen Schock versetzen wie mir. Es gibt außerdem noch zusätzliche Berichte, da wir einige Daten selbst verglichen. Das Gesamtbild ist erschrekkend.«

Er ging zurück und setzte sich an den Tisch, wobei er die d'Alemberts nicht aus den Augen ließ. »Das Verschwinden der Bjendens war beileibe kein Einzelfall. In den vergangenen zwanzig Jahren verschwanden mehr als 250000 Menschen auf Vesa spurlos!«

Jules setzte sich kerzengerade auf und Yvette machte große Augen. »Was?« rief sie aus. »Das ist doch unmöglich.«

»Ich glaube es nicht«, sagte Jules und wiederholte die Gedanken seiner Schwester. »So viele Menschen können doch nicht einfach verschwinden.«

»Kein Mensch sagt, daß es einfach wäre!« ließ Helena hinter ihrem Vater hervor verlauten. »Wir haben den Verdacht, daß es sich um eine außergewöhnlich komplizierte Sache handelt – eine Verschwörung mit allen Schikanen.«

»Eine andere Erklärung gibt es nicht«, sagte der Chef. »Das alles ist so unerwartet, weil man sich niemals zuvor um diese Dinge gekümmert hat. Aber eine einfache Überprüfung der Raumschiff-Reservierungen förderte bereits einen Teil der Geschichte zutage. In den letzten zwei Jahrzehnten kam eine bestimmte Anzahl von Touristen nach Vesa und eine bestimmte Anzahl fuhr wieder weg. Die erste Zahl übersteigt die zweite bei weitem.«

»Vielleicht blieben sie auf Vesa hängen«, meinte Yvette.

»Leider ist die Antwort nicht so simpel«, sagte der Meistertaktiker kopfschüttelnd. »Wir haben die Bevölkerungszahl des Planeten zur Hand. Wir haben Unterlagen über Geburten, Sterbefälle, Ein- und Auswanderungen während dieser gesamten Zeitspanne, und sie reichen zur Erklärung der Bevölkerungszahl völlig aus.«

»Und warum ist das niemandem früher aufgefallen?« fragte Jules.

»Dachten sich denn die Raumfahrtgesellschaften nichts dabei, als so viele Rückfahrten storniert wurden?«

»Offenbar nicht. Der Kunde hat immer recht, und es wäre unhöflich, sich nach den Gründen für eine Stornierung zu erkundigen. Vielleicht möchte er noch bleiben, vielleicht mit einer anderen Gesellschaft zurückfliegen. Schließlich kam das alles allmählich ins Rollen, und die Wirkung verteilte sich auf alle zweiundsechzig Gesellschaften, die Vesa anlaufen. Die haben nie die Passagierzahlen miteinander verglichen. Erst als wir alle Zahlen verglichen, fiel uns diese Diskrepanz auf.«

Yvette schüttelte den Kopf. »Aber wie kann eine so große Zahl verschwinden, ohne daß jemand Krach schlägt? Es müssen doch Familien und Freunde zurückgeblieben sein. Warum wurde die Polizei nicht verständigt?«

»Doch, das wurde sie. Unsere Zentral-Computer-Einrichtung speichert die Berichte der Polizeistationen jedes Planeten, und wir gingen die Vermißtenlisten durch. Da wimmelt es von Menschen, die Vesa besuchten und niemals zurückkehrten.«

»Aber wenn das so ist . . .« fing Jules an.

»Ich weiß schon. Es sieht aus, als wäre jemand unfähig gewesen, die Zusammenhänge schon längst zu erkennen. Aber ehrlich, welchen Grund hätte es zu vergleichenden Querkontrollen gegeben? Ihr müßt es so sehen: Das Imperium umfaßt derzeit 1343 Planeten. Wenn wir großzügig annehmen, daß von jedem

Planeten die gleiche Anzahl auf Vesa verschwand, sind es im Durchschnitt zweihundert Menschen pro Planet. Diese Zahl über zwanzig Jahre verteilt, und man kommt auf die Zahl von zehn Personen, die jährlich pro Planeten verschwinden. Keine außergewöhnlich große Zahl. Die gewöhnliche Planetenpolizei hat es mit Tausenden Vermißten pro Jahr zu tun. Wenn jemand auf Vesa verschwindet, dann wird die dortige Polizei routinemäßig verständigt. Die Vesa-Polizei schüttelt die Anfragen ebenso höflich nichtssagend ab wie bei Kantana. Die interplanetarische Polizei hat weder Zeit noch Mittel zur weiteren Verfolgung des Falles und legt ihn als ungelöst ab. Zehn ungelöste Fälle pro Jahr sind nur ein Tropfen im Eimer verglichen mit dem Umfang, mit dem sie es zu tun haben.«

Yvette und Jules saßen wie betäubt da und überdachten, was der Chef ihnen enthüllt hatte. Eine Viertelmillion Menschen hatte den Planeten Vesa besucht und war verschwunden. Ja, noch mehr, sie verschwanden mit einer Rate von 12000 pro Jahr, oder fünfunddreißig pro Tag. Was mit ihnen wohl geschehen war?

»Sie wollen damit andeuten«, sagte Jules bedächtig, »daß die Polizei auf Vesa bei einer möglichen Verschwörung die Hände im Spiel hat?«

Der Chef legte die gefalteten Hände auf den Tisch. »Für diese Behauptung sind unsere Informationen zu spärlich. Es ist überaus wahrscheinlich, daß die Behörden etwas wissen. Egal, wie viele Touristen dort ankommen – ich gebe zu, daß die Zahl erschreckend hoch sein mag –, aber man kann sich kaum vorstellen, daß der Polizei etwas in dieser Größenordnung entgehen konnte. Da ist es schon viel wahrscheinlicher, daß man es absichtlich übersieht.«

»Und wenn ja«, überlegte Yvette laut, »dann müssen sie von irgendwo ihre Weisungen erhalten. Verdächtig ist vor allem der Höchstverantwortliche. Hm, Vesa ist ein Mond, also müßte es ein Markgraf sein – habe ich recht?«

»In diesem Fall eine Markgräfin«, sagte der Chef, »Markgräfin Gindri Lohlatt. Im besten Fall ein Wesen ohne Rückgrat. Unser Persönlichkeitspsychogramm zeigt an, daß sie zu einer Verschwörung dieser Art nicht fähig ist. Ihr Wille ist zu schwach entwickelt. Vielleicht ist sie das Werkzeug eines anderen, aber ich bezweifle, ob sogar dafür bei ihr genügend Grips vorhanden ist.«

»Dann ein Herzog«, sagte Yvette beharrlich. »Vielleicht der Herzog von Chandakha?«

»Der ist dreizehn Jahre alt«, belehrte sie der Chef. »Seine Mutter ist Regentin, seit er vor zwei Jahren den Titel erbte. Der frühere Herzog wurde von einem unzufriedenen Bauern getötet, nachdem er vierunddreißig Regierungsjahre unauffällig hinter sich gebracht hatte.«

»Mit anderen Worten«, sagte Jules, »da diese Aktivität auf Vesa seit zwanzig Jahren unvermindert anhält, dürfte sie mit den Herzogen von Chandakha nicht in Verbindung stehen.«

Der Chef nickte. »Den zwei Regentschaften fehlt es zwar an grundlegender Kontinuität, doch die Berichte zeigen an, daß die Vermißtenmeldungen um den Zeitpunkt des Todes des Herzogs nicht abnahmen.«

»Dann liegt die Antwort mit Sicherheit auf Vesa.« Yvettes Worte waren einer Feststellung ähnlicher als einer Frage.

»Ja, da die Urlaubszentren auf Vesa gut über neunzig Prozent des Einkommens von Chandakha ausmachen, waren die Herzoge von Chandakha der Markgrafschaft Vesa immer sehr geneigt. Die brauchen die Steuereinnahmen nämlich dringend zum Überleben.«

»Auch auf die Gefahr hin, Bekanntes zu wiederholen«, sagte Yvette, »nehme ich an, daß es unsere Aufgabe ist, herauszufinden, was diesen Vermißten zustieß. Außerdem sollen wir diesen Machenschaften ein Ende bereiten.«

»Genau.« Der Chef ließ die Kiefermuskeln spielen. In seinen Augen flammte es auf. »Der Gedanke, daß sich eine so große Verschwörung so lange vor unseren Nasen halten konnte, ist mir unerträglich. Bei Banion wußten wir wenigstens, daß er existierte, auch wenn wir seine Spur nicht finden konnten. Aber hier –.« Er breitete die Hände aus. »Es ist, als würden sie uns die Augen verbinden und mit uns Blindekuh spielen. Ich mag nicht, wenn man mir die Sicht nimmt und mich zum Narren hält.« Der Chef stand auf. Seine Miene war in jedem Zug von Entschlossenheit geprägt.

»Deswegen sollt ihr, meine zwei besten Agenten, den Fall übernehmen. Ich möchte, daß diese Bedrohung ausgelöscht wird, und zwar rasch!«

An Bord ihres eigenen Schiffes, frei in einer Umlaufbahn um Mutter Erde umschwebend, studierten die zwei d'Alemberts die Bänder, die ihnen der Chef mitgegeben hatte. Ein Dokument nach dem anderen wiederholte, was sie bereits gehört hatten – daß nämlich Tausende Menschen irgendwie zu existieren aufgehört hatten.

Die Geschwister hatten nämlich schon längst entdeckt, daß sich ihre Gedanken immer dann klärten, wenn sie einen Fall mündlich besprachen.

»Sehen wir uns einen typischen Fall an«, sagte Jules. »Sagen wir Iwan und Tatjana Gregorow besuchen Vesa. Sie mieten sich in einem Hotel ein, verbringen ein paar Tage beim Glücksspiel und besuchen ein paar Shows. Kurz vor Ende des Urlaubs ziehen sie aus dem Hotel aus und nehmen sämtliche Habseligkeiten mit. Sie stornieren die Rückfahrt und lassen sich das Geld rückerstatten. Und von diesem Zeitpunkt an bleiben sie verschwunden.«

»Wohin verschwinden sie?« überlegte Yvette. »Es muß ihnen etwas zustoßen. Auf Vesa können sie nicht bleiben, es sei denn, es gäbe eine geheime unterirdische Stadt, die wir nicht kennen. Vielleicht werden sie als Sklaven in den tiefen dunklen Schächten eines Schatzbergwerkes gehalten.«

»Vesa hat Minen in Form von Spieltischen«, meinte ihr Bruder darauf. »Dort geht mehr Geld von Hand zu Hand als an der galaktischen Börse. Manchmal geht die Phantasie mit dir durch, Schwesterherz.«

»Aber wenn die Menschen nicht auf Vesa bleiben, müssen sie wieder weg – und die Logbücher der von dort ausgehenden Schiffe zeigen nichts dergleichen an.«

»Und damit befinden wir uns in einer unmöglichen Lage. Die

Menschen sind nicht da und sie sind nicht weg. Sie sind einfach verschwunden.«

»Sie könnten ja auch tot sein.«

»Ja, schließlich läßt sich ein Toter einfacher verstecken als ein Lebender. Aber wo bringt man eine Viertelmillion Tote unter, ohne daß es auffällt?«

»Da steckt sicher ein System dahinter. Vesa ist ein Mond ohne Atmosphäre. Vielleicht vergräbt man sie in einem Krater an der Oberfläche, wo niemand hinkommt. Vielleicht katapultieren sie die Leichen direkt in ihre Sonne.«

»Jetzt treibt deine Phantasie wieder wilde Blüten.«

»Entschuldige! Aber in meinem Kopf jagen sich meine Gehirnzellen, und das macht mich verwirrt.«

»Wir sprechen von 35 Leichen täglich«, sagte Jules. »Sie auf diese Weise loszuwerden, hätte eine ganze Industrie zur Folge und wäre eine schreckliche Energieverschwendung. Es muß also eine einfachere, wirksamere Methode geben. Verdammt, wenn mir nur etwas einfiele!«

»Legen wir das Problem kurz beiseite, bevor unser Hirn sich in Wackelpudding verwandelt. Wir wissen nur eines: Hinter der ganzen Aktion steckt System. Ein Geschäft mit so raschem Umsatz muß systematisch vorgehen. Und wenn es ein System gibt, gibt es auch einen Weg, es zu knacken. Das hat Papa uns oft genug gesagt. Wir müssen uns nach Verbindungsgliedern umsehen. Hatten die Vermißten etwas gemeinsames?«

»Nichts«, sagte Jules kopfschüttelnd. »Die Opfer sind wahllos ausgesucht. Sie kommen aus allen Winkeln der Galaxis. Männer, Frauen, alte, junge, berühmte, unbekannte, sämtliche Rassen und Religionen. Keine Spur von Gemeinsamkeit.«

»Nur eines«, sagte Yvette nachdenklich. »Sie alle kamen von irgendwoher nach Vesa.«

Der mitten in der Kabine schwebende Jules starrte seine Schwester mit offenem Mund an. »Evie, du hast die seltene Gabe, das ohnehin klar Sichtbare zu sehen. Natürlich mußten alle reich sein! Nur die Wohlhabendsten können sich einen Aufenthalt auf Vesa leisten. Und das bedeutet . . .«

»Daß Geld dabei eine Rolle spielt«, sagte Yvette und führte

den Gedanken ihres Bruders zu Ende. »Diese Menschen wurden getötet und sämtlicher Habseligkeiten beraubt, ehe man sie verschwinden ließ.«

»Ja!« rief Jules aus. Dann änderte sich seine Miene. »Nein, warte. Das ergibt keinen Sinn. Vesa hat es nicht nötig, Leute töten und berauben zu lassen. Die Kasinos scheffeln so viel Geld, daß sie kaum wissen, wohin damit –, ganz zu schweigen von den Hotels, Bars, Theatern und Bordellen, die ebenfalls kräftig absahnen. Was gewinnt man damit, wenn man Menschen umbringt, die einem ohnehin freiwillig und legal ihr Geld geben wollen?«

»Wie viele Kasinos, Hotels, Bars, Theater und Bordelle gibt es auf Vesa, *mon frère*? Zweihundert? Dreihundert? Mehr? Vielleicht sogar tausend. Und wie groß ist die Bevölkerung? Etwas über fünfzigtausend, wie ich aus den Unterlagen ersehen kann. Diese legitimen Aktivitäten sichern einer Minderheit von Besitzern den Gewinn, eventuell noch einer größeren Zahl von Leuten, die für sie arbeiten. Bleibt immer noch ein Großteil, der gern ein Stück von dem Kuchen abbekommen möchte. Und der Kuchen ist so üppig, daß keines der großen Tiere sich geschädigt fühlt, wenn jemand sich noch einen kleinen Anteil rausholt. Schließlich kommen auf Vesa siebenhundert Touristen täglich an. Wer fragt dann nach einem so kleinen Bruchteil?«

»*Tu as raison*, wie immer. Der Prozentsatz der Ermordeten ist nicht annähernd hoch genug, um den Gewinn der Kasinos zu schmälern, also lassen sie keine Klagen laut werden. Die Polizei wird offensichtlich dafür bezahlt, daß sie nichts hört und sieht. Und die Mörder heimsen reiche Beute ein. Alle gewinnen, niemand verliert – bis auf die armen Opfer natürlich, die in die Falle tappen.«

Yvette lächelt matt. »Jetzt fühle ich mich nicht mehr so wirr im Kopf. Es tut gut zu wissen, daß man die ganze Sache logisch überlegen kann.«

»Aber von dem Wissen um die Vorgänge ist noch ein langer Weg, sie zu verhindern«, sagte Jules. »Wir müssen wissen, wie und wer.«

»Ein doppeltes Problem«, nickte Yvette. »Wie geschaffen für

einen Angriff von zwei Seiten. Das ›Wie‹ paßt zu mir. Ich könnte stilvoll nach Vesa fahren, mich als Opfer etablieren und sehen, was ich mit mir als Köder an Land ziehe.«

»Damit bleibt mir das ›Wer!‹ überlassen. Es müssen die Vesa-Bewohner dahinterstecken, soviel steht fest. Ich muß mir dort Arbeit suchen, von unten anfangen und zusehen, was ich erfahre. Aber welcher Job wäre da am besten?«

»Na, wie steht es mit deinen Qualitäten? Du bist kräftig, sportlich, agil, nicht zu intelligent . . .«

»Na, hör mal!«

». . . und an manuelle Arbeit gewöhnt«, schloß Yvette mit einem Lächeln. »Nicht sehr gebildet, aber scharf aufs Geld, ohne sich kaputtzumachen. Genau die Type, die sich als Dieb und Mörder eignet.«

»Eine Schwester wie du«, murmelte Jules gutmütig, »ersetzt einem alle Feinde.«

III

Schlägerei im Umkleideraum

Raumflughäfen auf atmosphärefreien Welten sind einander ziemlich ähnlich. Diese Welten sind mit den unvermeidlichen, von Meteoriteinschlägen stammenden Kratern übersät. Durch Erweiterung und Vertiefung eines solchen Kraters schafft man Raum und Landungsmöglichkeiten für Raumschiffe. Lange, luftdichte Ausstiegsrohre – ähnlich dem Rohr im Hangar der »Anna Liebling« – ermöglichen es den Passagieren, über eine geneigte Rampe auszusteigen und ins Innere des Raumhafens zu gelangen, ohne sich der Unbequemlichkeit unterziehen zu müssen, die lästigen Raumanzüge anzulegen.

Das Ein- und Ausladen der Fracht ist jedoch schwieriger, da die Fracht nicht von selbst über die Rampe rutscht. Daher wird die Fracht in luftdichte, verschieden große Container verpackt, die gewöhnlich im unteren Teil des Schiffes untergebracht sind. Bei der Landung gleitet ein großes Segment des Schiffsrumpfes beiseite und setzt die freigelegte Fracht dem Vakuum auf der Planetenoberfläche aus. Aus den Kraterwänden kommen nun Spezial-Frachttraktoren hervor – enorme Tieflader, ausgestattet mit eigens konstruierten Kränen, Winden und anderen Vorrichtungen. Vor dem Schiff angekommen, spucken die Traktoren Dutzende Gestalten in Raumanzügen aus, welche die Frachteinheiten vom Schiff auf die Fahrzeuge umladen, die sodann in ihre Hangars zurückfahren und die Fracht in Luftschleusenkammern umladen. Von dort weg kann dann die weitere Verteilung der Ladung normal weitergehen. Beim Abflug eines Raumschiffes vollzieht sich der Vorgang in umgekehrter Reihenfolge.

Die Männer, die an den Raumdocks arbeiten, sind ein besonderer Menschenschlag. Kräftig, hart – eben Schwerarbeiter, dabei aber schnell und beweglich. Das müssen sie sein, denn die Arbeit in einem Raumanzug ist im besten Fall unangenehm, im schlimmsten Fall gefährlich. Meist ist es eine eng zusammengeschweißte Gruppe, die durch den Drang zum Überleben zusammengehalten wird. Die Arbeit in einem Vakuum macht den Menschen sehr abhängig von den Arbeitskollegen. Denn die alltäglichsten Unfälle können in luftleerer Umgebung tödlich ausgehen.

Als Jules d'Alembert – der nun unter dem Namen Georges duChamps auftrat – auf Vesa eingetroffen war, war eine der ersten Stellen, bei der er Arbeit suchte, der Raumhafen von Vesa. Seine Zeugnisse – durchwegs gefälscht, versteht sich – waren makellos und beeindruckten den Personalleiter gebührend. Zwei Tage darauf wurde Georges duChamps in seinem billigen Hotelzimmer angerufen. Man teilte ihm mit, er möge sich am nächsten Tag um 17.30 Uhr zur Arbeit melden.

Die üblichen Formulare mußten noch ausgefüllt werden, und dann nahm man bei Jules Maß für einen Raumanzug. Zum Glück hatte vor einigen Jahren hier ein anderer DesPlainianer gearbeitet. Es war also ein Anzug vorhanden, der den geringfügigen, aber wichtigen Eigenheiten der DesPlainianischen Körperform Rechnung trug. Als diese banalen Notwendigkeiten erledigt waren, führte die Personalsekretärin Jules einen Gang entlang zu seinem neuen Boß.

Der Vorarbeiter der Gruppe war ein Riese namens Laz Fizcono. Über zwei Meter groß, hundertzehn Kilo schwer, mit einem Körper, der im Leben an keinem Arbeitstag ausgesetzt hatte. Die rote Löwenmähne umgab ein rundes Mondgesicht mit buschigen, roten Brauen und einem schütteren Bart. Mit lebhaften, glitzernden Augen schätzte er Jules ab.

»Na, was haben wir denn da?« dröhnte er, als Jules zu ihm hereingeführt wurde. »Einen Zwerg?« Er streckte seinem neuen Helfer eine fleischige Hand entgegen.

Jules blieb gelassen stehen, als der große Mann näher kam. Er faßte die Beleidigung als gutmütige Herausforderung auf, die dazu dienen sollte, sich über seine Persönlichkeit klarzuwerden. Als Partieführer wollte Fizcono offenbar möglichst rasch herausfinden, welche Sorte Mensch dieser neue Kollege war – ob er etwa jähzornig war, unter einer Belastung vielleicht in die Luft ging und ähnliches. Als Vorgesetzter mußte er ja die Eigenschaften seiner Untergebenen kennen.

Statt auf die Bemerkung zu reagieren, beschränkte sich Jules auf ein Lächeln und erklärte: »DesPlaines ist ein Planet mit einer gewaltigen, unzugänglichen Bergwelt«, sagte er mit Gelassenheit. »Trotzdem betreiben wir dort Bergbau. Es bedarf daher schon mehr als nur eines Riesen, um mich klein zu fühlen.«

Er faßte herzhaft nach der entgegengestreckten Hand des Vormannes. Fizcono drückte sie mit aller Kraft, die seine Bärenpranke aufbringen konnte. Jules ließ dies ohne Wimperzucken über sich ergehen, und als der Vorarbeiter sein Pulver verschossen hatte, drückte Jules nun seinerseits zurück. Fizcono zog erstaunt die Brauen hoch, als er merkte, daß die Körperkraft des kleinen Mannes die seine sogar übertraf. Jules fuhr fort, zu dem um dreißig Zentimeter größeren Mann hinaufzustarren und lächelte unbefangen.

Und dann tat Fizcono etwas Unerwartetes – er brach in Lachen aus, in ein gewaltiges Bellen, das die Wände des kleinen Büros erbeben ließ. »Sie gefallen mir, Kleiner«, brüllte er. »Sie geben wohl keinen Millimeter nach, wie? Ja, er wird sich gut machen«, sagte er zu der Sekretärin, die nun Jules verließ und mit einem Lächeln in ihr Büro zurückkehrte.

Jules entdeckte bei sich Sympathien für Fizcono. Der Große besaß eine ungezwungene Freundlichkeit, die einen guten und kameradschaftlichen Kollegen erwarten ließ. Als Vorgesetzter war er sicher hart, im Grunde seines Wesens aber keinesfalls bösartig.

»Komm«, sagte jetzt der Vormann und führte Jules hinaus. »Die Schicht beginnt gleich. Sicher möchtest du deine Kumpels kennenlernen.«

Sie stiegen durch ein Gewirr von Gängen hinunter, und Fizcono versicherte Jules, daß er sich nach kurzer Zeit zurechtfinden werde. Schließlich waren sie im Umkleideraum angelangt. Zehn Mann waren bereits da, und in den nächsten Minuten kamen weitere zwölf dazu. Die Männer waren ausnahmslos größer als Jules, und er mußte sich manchen gutmütigen Spott gefallen lassen, als Fizcono ihn als »tüchtigen Knirps« vorstellte. Aber dabei schimmerte Fizconos Achtung vor ihm durch, und die Männer zogen daraus ihre Schlüsse. Wenn er die Achtung des Bosses besaß, dann mußte er gut sein.

Die Leute stammten aus allen Winkeln der Galaxis – das war nicht weiter verwunderlich, da Vesa ein kosmopolitisches Zentrum war. Ein Magnet, der Menschen von überallher anzog. Doch Jules bemerkte bald, daß eine Gruppe von sieben Mann besonders zusammenhielt. Sie waren dunkelhäutiger als die anderen, auch die Augen dunkler und finsterer. Gegenüber den anderen Kameraden verhielten sie sich mißtrauisch und zurückhaltend, standen ihnen vielleicht sogar ablehnend gegenüber. Was diese Leute bewegte, konnte Jules nur schwer deuten, es war aber klar, daß etwas in der Luft lag.

Einer der anderen Männer, ein glattrasierter Mann namens Rask, bemerkte, daß Jules die sich abseits haltende Gruppe beäugte.

»Hast du noch nie Chandies gesehen?« fragte er.

»Was sind Chandies?« Jules gefiel der höhnische, überlegene Ton des Mannes gar nicht. Er ließ darauf schließen, daß innerhalb dieser Mannschaft nicht alles glattging.

Ein dritter gesellte sich zu ihnen. Seine Vertraulichkeit ließ erkennen, daß er mit Rask eng befreundet war. Jules kramte in seinem Gedächtnis und kam darauf, daß der Mann Brownsend hieß.

»Chandakhari«, erklärte der Neuhinzugekommene. »Die kommen von dem Hinterwäldlerplaneten, den wir umkreisen. Bauern, Landarbeiter. Die halten zusammen wie Pech und Schwefel, weil sie sich vor richtigen Männern fürchten.«

Die Gruppe der Chandakhari, die bis auf die Helme bereits fertig angezogen waren, ging wortlos an ihnen vorbei, obwohl Brownsends Stimme sicher bis zu ihnen gedrungen war. Jules wußte nicht recht, wie er auf diesen sturen Fanatismus reagieren sollte, doch Fizcono, der herbeigekommen war, als er hörte, was sich anzubahnen schien, rettete ihn aus der Verlegenheit. »Jetzt ist es genug«, sagte Fizcono und sah Brownsend und Rask dabei an. »Ihr werdet zusammenarbeiten, oder mit der Arbeit ist es überhaupt aus! So einfach ist das. Außerdem habe ich euch das bereits einmal klargemacht.« Zu Jules gewandt fügte er hinzu: »Hoffentlich wirst du von den beiden keine schlechten Angewohnheiten annehmen. Sie sind gute Arbeiter, haben aber böse Vorurteile.«

»Ich bin sehr wohl imstande, mir mein eigenes Urteil zu bilden«, erwiderte Jules. »Dazu brauche ich keine fremden Meinungen.«

Fizcono stieß ein befriedigtes Bärenknurren aus und schob ab.

Obwohl Jules in hervorragender körperlicher Verfassung war, mußte er entdecken, daß die Arbeit am ersten Tag, draußen auf der sonnengedörrten Oberfläche von Vesna, grausam war. Ladearbeiten waren ihm durchaus vertraut. Schließlich war sein Zirkus dauernd auf Tournee und besuchte im Durchschnitt alle drei Wochen eine neue Welt. Beim Entladen und Verladen der Einrichtungen des Zirkus mußten alle zupacken – sogar der Star der Luftakrobaten.

Doch Jules litt noch unter den Folgen einer ernsten Verletzung, die von einer Strahlenwaffe herrührte. Aus seinem linken Unterschenkel war ein großes Stück herausgebrannt. Gewebsverpflanzungen und Regenerationsmittel hatten die Stelle gut verheilen lassen, so daß man die ehemalige Wunde nur wahrnahm, wenn man ganz genau hinsah. Aber mit der Kraft und der Beweglichkeit war es anders. Jules hatte monatelang die Muskeln wieder in Form zu bringen versucht und hatte hierbei alle ihm zur Verfügung stehenden physikalischen Therapien angewendet, um seine frühere Beweglichkeit wiederzuerlangen. Und dies auch mit Erfolg, aber gelegentlich – unter außergewöhnlicher Beanspruchung beispielsweise – spürte er doch ein leises Ziehen.

Die Arbeit wurde durch die Tatsache erleichtert, daß die Oberflächenschwerkraft auf Vesa nur 25 Prozent der Erdenschwerkraft betrug – weniger als zehn Prozent dessen, was er aus seiner Heimatwelt gewöhnt war. Seine Bewegungen in dem losen Raumanzug waren auch so flüssig und geschmeidig, daß es eine Freude war, ihm zuzusehen. Der Raumanzug hätte ihm angeboren sein können – so viel natürliche Agilität zeigte Jules darin. Einige Male drohte zwar das kranke Bein unter ihm nachzugeben, doch konnte Jules rechtzeitig das Gewicht auf das andere Bein verlagern, so daß nichts passierte. Ihm war aufgefallen, daß Fizcono sein Verhalten besonders sorgsam beobachtete, doch falls dieser seine kleinen Pannen bemerkt haben sollte, äußerte er diesbezüglich nichts.

Der richtige Verdruß begann erst mit Arbeitsschluß. Rask und Brownsend hatten sich die meiste Zeit um Jules herumgetrieben, trotz dessen wachsender Abneigung gegen die beiden. Jedesmal, wenn einem der Chandakhari ein Fehler unterlief oder einer stolperte, stießen sie einander oder Jules in die Rippen und warfen sich durch die Helme bezeichnende Blicke zu, als wollten sie sagen: »Seht mal, wie ungeschickt diese Chandies doch eigentlich sind?«

Kaum waren sie im Umkleideraum und hatten sich der Helme entledigt, setzten Rask und Brownsend ihre Sticheleien fort. Fizcono warf ihnen noch einen warnenden Blick zu, als er wegging, um seine schriftlichen Arbeiten zu erledigen, aber sie nahmen dies nicht zur Kenntnis.

»Diese Chandies haben Glück, daß Fizcono sie in Schutz nimmt«, spottete Rask. »Die finden doch sonst nirgendwo einen Job.«

»Außer als Heizer bei der Müllverwertung in der Recyclinganlage«, warf Brownsend ein. »Da wären sie auf ihrer angestammten Stufe. Aber wirkliche, geschulte Tätigkeit kann man von einer Handvoll Bauern und Landtölpeln nicht erwarten.«

Jules behielt die Chandakhari sorgsam im Auge. Sie waren aufgebracht, dabei aber redlich bemüht, die Sticheleien zu überhören – offensichtlich hatten sie sich daran gewöhnt. Aber einem unter ihnen schien es näherzugehen. Er war noch jung, keine zwanzig Erdenjahre. Das lange, glatte Haar hing ihm fast in die Augen. Ein schütterer Schnurrbart kämpfte als dünner schwarzer Strich ums Überleben. Jules konnte sich um nichts in der Welt an den Namen des Jungen erinnern – aber das war auch nicht wichtig. Weit wichtiger war die Tatsache, daß der Junge knapp daran war, vor Wut über die beiden Quälgeister zu explodieren.

In der Hoffnung, eine unliebsame Szene verhindern zu können, trat Jules vor Rask und Brownsend. »Die Arbeit auf dem Land erfordert mehr Geschick, als man allgemein glaubt«, sagte er beschwichtigend. »Ich versuchte es einmal, als ich jünger war, und mußte es aufgeben. Glaubt mir, es ist viel einfacher, mit Kisten zu jonglieren, als eine Landwirtschaft zu führen.«

Brownsend sah Jules von oben bis unten an und war im Zweifel, wie er sich in dieser geänderten Situation verhalten solle. Schließlich rang er sich zu der Auffassung durch, daß er dem Neuankömmling jedenfalls an Größe überlegen wäre und er es sich daher leisten könne, ihn in seine Litanei des Spottes einzubeziehen. »Wundert mich gar nicht, daß es dir schwerfiel. Dem Kleinsten des Wurfes bleibt es also überlassen, die Ehre dieser strohdummen Landtölpel zu verteidigen.«

Jules rang mit aller Kraft um Fassung und bemerkte gar nicht, daß der junge Chandakhar einen Satz durch den Raum machte und Brownsend mit mordlustigem Blick ansprang. Die langsameren Bewegungsabläufe bei den geringeren Schwerkraftverhältnissen im Raum ließen Jules jedoch noch Zeit, sich darüber klarzuwerden, was hier vor sich ging und sich auf ein Eingreifen vorzubereiten, während der Junge noch in der Luft war. Nach Jules' Auffassung schwebte der Körper des jungen Mannes mit geradezu quälender Langsamkeit. Als geschulter SOTE-Agent behielt er dabei die anderen Anwesenden im Auge und richtete sich auf den bevorstehenden Kampf ein.

Brownsend, dessen Reflexe nicht so rasch waren wie die Jules', wurde von dem unerwarteten Angriff überrascht. Ihm blieb kaum Zeit, die Arme abwehrend hochzuheben, als der fünfundsiebzig Kilo schwere Körper geradewegs gegen ihn prallte und ihn rücklings zu Boden warf. Er schlug mit dumpfen Anprall auf und mußte hinnehmen, daß der Chandakhar ihn mit festem Würgegriff an der Kehle gefaßt hielt und ihm für immer die Luft abschneiden wollte.

Die anderen Chandakhari waren von dieser plötzlichen Attacke ebenso überrascht wie Brownsend und leisteten sich den Bruchteil einer Sekunde des Zögerns. Nicht aber Rask, der so aussah, als hätte er auf den Kampf nur gewartet. In seinem Gürtel steckte ein Schraubenschlüssel, eines der vielen Werkzeuge, die er bei der Arbeit brauchte. Er hatte ihn sofort zur Hand und hob den Arm zum Schlag, der dem jungen Mann den Schädel zerschmettert hätte.

An diesem Punkt entschloß sich Jules zum Einschreiten. Als Rasks Arm hochfuhr, packte Jules dessen Gelenk mit unüberwindlichem Griff und riß den Arm des Mannes mit aller Kraft nach hinten. Rask, der auf einen Angriff aus der anderen Richtung nicht gefaßt war, wurde nach rückwärts geschleudert. Er wirbelte so langsam durch die Luft, daß Jules ausreichend Zeit blieb, sein Knie hochzubringen und dem Mann genau unter die Rippen einen kräftigen Stoß zu versetzen. Rask war bewußtlos, noch ehe er auf dem Boden landete.

Ohne innezuhalten, um das Ergebnis seiner Aktion zu begutachten, wandte Jules seine Aufmerksamkeit den zwei auf dem Boden ringenden Körpern zu. Brownsend drehte und wand sich, um den jungen Mann abzuschütteln, der sich an seine Kehle klammerte. Jules wandte sich den Ringenden zu und ließ den rechten Arm in einer weitausholenden, lockeren Bewegung niedersausen. Obgleich seine Bewegung ganz lässig ausgesehen hatte, gab es ein lautes Krachen, als seine Faust den Kopf des Chandakhari seitlich traf. Der Junge wurde beiseite geschleudert und ließ dabei Brownsends Kehle los. Der Ältere lag reglos auf dem Boden und sog keuchend Luft in die unter Sauerstoffmangel leidenden Lungen ein, während der Jüngere jetzt benommen am Boden kniete und den Kopf nach dem betäubenden Schlag schüttelte, um wieder zu sich zu kommen.

An dieser Stelle hätte der Kampf eigentlich enden müssen, da die drei Heißsporne außer Gefecht gesetzt waren. Aber aus dem Augenwinkel erhaschte Jules blitzartig eine Bewegung, und er fuhr herum, um sich dem bevorstehenden Angriff der sechs übrigen Chandakhari zu stellen. Diese hatten gesehen, wie er ihren jungen Freund angegriffen hatte, ohne daß ihnen dabei klar wurde, daß er damit verhinderte, daß dem Jungen mit Rasks Schraubenschlüssel der Schädel eingeschlagen wurde. Sie fühlten sich verpflichtet, ihren Landsmann vor seinem Angriff zu schützen.

Jules hatte schon des öfteren sechs Gegnern gegenübergestanden, unter Umständen sogar einer noch größeren Zahl. Während er beobachtete, wie das halbe Dutzend sich ihm näherte, registrierte sein Hirn besonders den Umstand, daß sich die Leute mit größter Präzision als geschlossene Einheit auf ihn zu bewegten. Normalerweise hätten sechs Männer in einer Situation wie der vorliegenden, sich wie ein ungeordneter Mob verhalten müssen, planlos drauflos schlagend und sich Blößen gebend. Nichts dergleichen trat ein.

Diese Chandakhari verhielten sich vielmehr wie ein militärisch gedrilltes Team beim Exerzieren. Zwei packten Jules' Knöchel, drückten sie zusammen und hielten ihn fest. Zwei weitere packten seine Handgelenke und hielten seine Arme vom Körper weggestreckt. Ein Fünfter packte Jules um die Hüften und hob den DesPlainianer mit Hilfe der anderen vier vom Boden hoch. Der Sechste stemmte den Ellbogen in Jules' Nacken, riß dessen Kopf jäh zurück und legte die Kehle frei.

An all diesen Körperstellen festgehalten, war Jules völlig machtlos, sich zu wehren. Wäre er nicht so kräftig gewesen, wäre er womöglich auf der Stelle getötet worden. In seiner Lage mußte er jedes Quentchen seiner abnormen Kräfte mobilisieren, um seine Rechte freizubekommen. Dieses Losreißen brachte die

Angreifer aus dem Gleichgewicht und er fiel mit dem Oberkörper zu Boden.

In blitzschneller Reaktion, wie sie nur den d'Alemberts eigen war, langte Jules mit seiner befreiten Rechten nach den Beinen des Mannes, der seine Hüften umfaßt hielt. Ein kräftiges Anziehen war nötig, um den Mann seiner Standfestigkeit zu berauben. Der ganze Aufbau krachte jetzt zusammen. Jules trat mit Armen und Beinen um sich, als er sich in einem Leibergewirr am Boden befand.

»Was geht hier vor?« tönte Laz Fizconos Stimme durch den Raum.

Sämtliche Aktionen erstarrten, als diese Worte in die Köpfe der Anwesenden eindrangen. Wut, aufgestauter Mißmut, Erregung – all das, was sich so explosionsartig Luft gemacht hatte, wurde nun ebenso rasch wieder unterdrückt. Alle in diesem Raum wurden sich plötzlich bewußt, daß der Job auf dem Spiel stand und jetzt Vorsicht geboten war.

Als er keine Antwort auf seine – ohnehin nur rhetorisch gestellte Frage – bekam, stützte Fizcono die Hände in die Hüften und sah reihum alle durchdringend an. »Sieht mir nach einer Rauferei aus«, fuhr er fort, »und ich kann Raufereien zwischen Männern, die in gefahrvollen Situationen zusammenarbeiten müssen, nun einmal nicht leiden! Ich möchte, daß ihr euch meine Auffassung aneignet. Und um sicherzugehen, daß sich dieses euch auch einprägt, streiche ich allen Beteiligten einen Wochenlohn.«

»Aber, ich wollte nicht . . .« stieß Brownsend hervor.

»Du hast mitgemacht«, sagte Fizcono mit Bestimmtheit, »und allein warst du auch nicht. Die anderen übrigens auch nicht. Wir müssen mit diesen Streitereien Schluß machen, ehe es Tote gibt.« Er hielt inne und sah Jules bedeutungsvoll an. »Ein schlechter Anfang, duChamps. Ich hätte Besseres von dir erwartet. Ehrlich, ich bin enttäuscht.«

Als der Partieführer wieder draußen war, senkte sich verlegenes Schweigen über den Raum. Die Männer vermieden es, schuldbewußt, einander anzusehen. Was Jules betraf, blieb er einen Augenblick auf dem Boden sitzen und sann nachdenklich darüber nach, wie methodisch und gekonnt die Chandakhari bei ihrem Angriff auf ihn zu Werke gegangen waren.

IV

Die Wiederkehr der Carmen Velasquez

Die beiden d'Alemberts waren übereingekommen, daß Jules die Gesellschaftsschichten auf Vesa von unten nach oben, Yvette von oben nach unten durchleuchten sollten. Sich selbst als Beuteobjekt anzubieten, bedeutete zwar für Yvette, Gefahren auf sich zu nehmen, doch mochte das Leben, das sie dabei führen würde, so manche Entschädigung bieten. Während ihr Bruder die schnellste Flugmöglichkeit nach Vesa genützt hatte, brachte Yvette noch einige Zeit damit zu, sich eine gute Verkleidung zuzulegen und alle Vorbereitungen für ein höchst luxuriöses Auftreten im elegantesten Starliner, der sie an ihren Bestimmungsort bringen sollte, zu treffen.

»Glaubst du nicht auch, daß Carmen Velasquez sich wieder hervorragend für diesen Zweck eignen würde?« hatte sie ihren Bruder gefragt, als sie besprachen, welcher Methoden sie sich bei ihrer Aktion bedienen sollten.

»Ich glaube eher, das gute Leben ist dir zu Kopf gestiegen«, erwiderte Jules. »Eine solche Carmen wäre genau eine Person, deren Verschwinden sicher Aufsehen erregen würde – als mögliches Opfer also höchst ungeeignet.«

Yvette überdachte die Worte ihres Bruders. Bei ihrem letzten Auftrag waren sie beide als Carlos und Carmen Velasquez, zwei neureiche Ex-Puritaner, aufgetreten. Damals war es darum gegangen, das die ganze Galaxis umspannende Verschwörernetz des nach dem Thron strebenden Bastards Banion aufzuspüren und zu vernichten.* Die Velasquez' hatten dabei in parodistischer Manier Reichtum zur Schau gestellt, prächtige, exotische Kleider getragen und mit Hundert-Credit-Noten um sich geworfen. Inmitten des gedämpften Reichtums des Planeten Algo-

* Siehe Science-fiction-Taschenbuch 21094, »Die stählerne Festung«.

nia hatten sie gewirkt wie eine Supernova in der Badewanne.

Damals war dieses übertriebene Spiel am Platz gewesen. Banions Streitmacht stand kurz vor dem Losschlagen, und man mußte den Schurken ein verlockendes Ziel präsentieren. Da sie damals keinerlei Anhaltspunkte hatten, mußten die d'Alemberts sichergehen, daß sie gebührend auffielen. Das gelang ihnen auch, und der verhältnismäßig geringe Fang, den sie mit diesem Netz an Land zogen, hatte ihnen schließlich doch ermöglicht, die gesamte Organisation aufzuspüren.

Aber Jules hatte recht – die alte Carmen war gewiß nicht von jener Art, die sich die vesanischen Mörder als Opfer auserkoren. Eine so extravagante und kitschige Carmen würde sogar auf dem ebenso extravaganten und kitschigen Mond Furore machen. Ihr plötzliches Verschwinden würde daher auffallen – etwas, was die Gauner sicherlich vermeiden würden. »Ja«, sagte Yvette laut. »Ich muß ein paar Änderungen vornehmen.«

Und das tat sie denn auch. Die alte Carmen war ein tolles Weib, die neue war eine ruhige, vernünftige Witwe. Die alte Carmen hatte sich gekleidet, daß so viel Haut sichtbar blieb, wie behördlich eben noch gestattet war. Die neue kleidete sich elegant und dezent, weder auffällig noch matronenhaft. Sie legte sich Kleider zu, die geschmackvoll erkennen ließen, daß eine schöne Frau in ihnen steckte. Die alte Carmen hatte von Kopf bis Fuß geglitzert wie ein Weihnachtsbaum. Die neue trug ein oder zwei ausgesuchte Schmuckstücke, die ihre Aufmachung geschmackvoll unterstrichen und harmonisch ergänzten.

Die »Kaiserin Irene« war einer der neuesten und luxuriösesten Starliner, welche die Raumfahrtstraßen befuhren – das ideale Transportmittel für eine Person wie Carmen Velasquez auf einer Überfahrt nach Vesa. Ihre Suite war riesig, ausgestattet mit dikken Teppichen und Draperien, Bett und Badewanne von königlichen Ausmaßen. Um ihr besonders entgegenzukommen, hatte man die Räume eigens für sie unter Ultragrav gesetzt. Während das gesamte Schiff, mit Ausnahme gewisser Sporteinrichtungen, unter einer Gravitation Stufe eins stand, war sie auf ihren Wunsch in ihrer Suite um drei Einheiten angehoben worden. Da man Carmen ansah, daß sie vom Planeten Purity stammte – einer Welt mit hoher Schwerkraft, zum Teil von religiösen Fanatikern besiedelt, die von DesPlaines ausgewandert waren –, war ihr Wunsch nicht weiter erstaunlich.

Die Reise von der Erde auf die Vesa sollte zehn Tage dauern. Yvette hatte sich schon vom ersten Tag an als einer der maßgeblichen Passagiere an Bord etabliert. Als reiche und schöne Frau war sie ständiger Gast am Kapitänstisch, und als es ruchbar wurde, daß sie auch noch alleinstehend war, standen die Männer vor ihrer Tür Schlange, um sie zum Tanzen auszuführen oder sich als Partner für die vielen sportlichen oder gesellschaftlichen Betätigungen anzubieten. Yvette sonnte sich in den Aufmerksamkeiten. Schließlich war es nicht verboten, sich auch bei einem gefährlichen Auftrag zu amüsieren.

Am fünften Tag lernte Yvette einen überaus charmanten Mann vom Planeten Largo kennen. Er hieß Dak Lehman, ein Industrieller auf Urlaubsreise, und stellte das dar, was die meisten Mädchen unter einem Traum von einem Mann verstehen. Er war Anfang Dreißig, die ideale Mischung aus reifer Erfahrung und jungenhaftem Überschwang. Dak hatte alle gesellschaftlichen Tugenden und war ein witziger und intelligenter Gesprächspartner. Was aber noch wichtiger war, er kannte den Wert des Zuhörenkönnens. War er mit einer Frau zusammen, dann spürte sie, daß ihr seine ungeteilte Aufmerksamkeit galt. Eine sehr schmeichelhafte Eigenschaft, die ihn zum Schwarm aller weiblichen Wesen an Bord avancieren ließ.

So war es nur natürlich, daß sich die zwei attraktivsten Menschen an Bord des Linienschiffes kennenlernten und sofort aneinander Gefallen fanden. Dak führte Yvette nach dem Dinner allabendlich zum Tanz, und die schöne SOTE-Agentin wußte, daß ihr zauberhafte Stunden bevorstanden. Dak überließ ihr während des Essens die Unterhaltung, was Yvette nichts ausmachte – es gab ihr Gelegenheit, ihre erfundene Geschichte zu üben und sie für Vesa aufzupolieren. Sie gab zu verstehen, daß sie mit neunundzwanzig Witwe geworden war. Ihr Mann hätte ihr ein Riesenvermögen hinterlassen. Die Bergbauunternehmen, die sie gemeinsam aufgebaut hatten, lägen nun in den Händen tüchtiger und vertrauenswürdiger Geschäftsführer, und die arme Carmen habe nichts weiter zu tun, als auf Reisen zu gehen und sich zu amüsieren. Es war eine sorgfältig erdachte Geschichte, von einer Art, daß eventuelle Mörder sofort wußten, daß Carmens Verschwinden im Strom des Lebens kaum ein leises Wellengekräusel hinterlassen würde.

Dak hörte sich das alles voll Mitgefühl an. »Sie wirken aber viel zu jung für eine Witwe«, sagte er, als sie mit ihrer Geschichte fertig war.

»Dafür gibt es keine Altersgrenze. Der arme Carlos wurde in einer unserer Minen verschüttet. Man hat ihn nie gefunden.« Yvette gestattete sich einen traurigen Seufzer.

»Trotzdem kann ich nicht glauben, daß eine so weltoffene und gebildete Frau von Purity kommen kann. Ich hörte immer nur, daß man dort, nun ja . . .«

»Versuchen Sie es mit ›steif‹, ›provinziell‹ oder ›langweilig‹. Die meisten Fanatiker sind es auch wirklich. Ich wurde selbst so erzogen und bin immer wieder überrascht, wenn ich entsprechende Anzeichen an mir entdecke. Ein Glück, daß das Geld einem rasch eine ganze Menge beibringt – oder zumindest die geeigneten Lehrer verschafft. Carlos und ich mußten erkennen, daß wir viel zu lebenslustig waren, um uns in einem puritanischen Leben zu vergraben, deswegen sind wir schon vor sieben Jahren auf die Erde gezogen.« Sie seufzte. »Armer Carlos. So jung sterben zu müssen und so viel Schönes nicht kennengelernt zu haben!«

Da setzte das Orchester ein. Dak forderte sie zum Tanzen auf, und Yvette nahm nur zu gern an. Es zeigte sich, daß beide hervorragende Tänzer waren. Ihre Körper verschmolzen zu einer geschmeidigen, im Rhythmus der Musik gleitenden Bewegung. Yvettes Körper prickelte, als sie sich an Dak schmiegte. Ein charmanter Mann, in den sich eine Frau nur zu leicht verlieben konnte.

Nach dem Tanz führte Dak Yvette hinaus in den angrenzenden Raum, der als Cosmos Room bekannt war. Es war ein weitläufiger Raum, zwanzig Meter lang, mit einer kuppelartigen Decke, die sich zehn Meter hoch über den Köpfen der darin Befindlichen wölbte. Der Raum wurde ständig im Dunkeln gehalten, während ein Kaleidoskop stecknadelgroßer Lichter über die Kuppel glitt und ihr das Aussehen eines psychedelischen Planetariums verlieh. Hin und wieder erschien das vergrößerte Bild einer Nebula oder einer fremden Galaxis und stürzte sich falkengleich auf den Beschauer. Der Cosmos Room war offensichtlich für Meditationen über die Größe des Universums gedacht. Tatsächlich aber diente er der Anknüpfung von Reisebekanntschaften und hatte Anteil an der legendären Anziehungskraft des Starliners für Romantiker beiderlei Geschlechts.

Dak führte Yvette an ein entlang der Wand verlaufendes Geländer, und sie beobachteten gemeinsam die Lichtshow an der Kuppel. Yvette brach das Schweigen. »Den ganzen Abend habe ich nur von mir geredet. Wie wäre es, wenn Sie ein wenig von sich selbst erzählten? Wer ist dieser faszinierende Mensch namens Dak Lehman?«

Ihr Partner verharrte noch eine Weile in Schweigen, was Yvette sehr uncharakteristisch empfand. Dak war im Gespräch niemals um eine Antwort verlegen. Sie wollte sein Zögern schon scherzhaft kommentieren, als sie ein seltsam prickelndes Gefühl im Nacken spürte. Sie wurde beobachtet. Ihr alter Agenteninstinkt war seiner Sache sicher. Sie drehte sich unauffällig um, so daß sie in die Richtung des Beobachters blicken konnte, ohne daß es auffiel. Als ihre Augen endlich die Dunkelheit des Raumes durchdrangen, konnte sie die Umrisse zweier Männer erkennen. Einer war von normaler Größe, ein wenig untersetzt, der andere groß und hager. Mehr konnte sie bei dieser Beleuchtung nicht sehen, aber sie wußte, daß sie beobachtet wurde. Im Augenblick schienen die Dunkelmänner nur am Beobachten interessiert zu sein, deswegen legte Yvette diese Information im Geiste zurück, um sie einmal später auszuwerten, und wandte ihre Aufmerksamkeit wieder Dak zu. Alle paar Minuten kontrollierte sie aber ihre Beobachter, um sicherzugehen, daß sie nichts weiter im Schilde führten.

Schließlich hatte sich Dak zu einer Antwort auf ihre Frage entschlossen. Yvette legte ihm leicht die Hand auf den Arm, während er erzählte:

»Ach, ich bin nichts Besonderes. Mein Vater hatte auf Largo eine kleine Tonbandfabrik. Als ich das Unternehmen erbte, vergrößerte ich den Betrieb, bis wir die größte Büromaschinenfabrik in diesem Teil des Weltalls wurden. Dann weiteten wir uns auf Computer aus, und auch auf diesem Gebiet läuft alles tadellos.

Ich entschloß mich, für eine Weile auszuspannen, bevor mich der Erfolg erschlägt. Es steigt einem zu Kopf, und die gesellschaftliche Atmosphäre erstickt einen beinahe. Hoffentlich ändert sich das auf Vesa. Wie ich höre, gelingt es den wenigsten, dort etwas im Spiel zu gewinnen. Das wird eine erfrischende Abwechslung.«

»Und Frauen in Ihrem Leben?«

Wieder eine kleine Pause. »Nein, im Augenblick nicht. Ich war immer zu sehr eingespannt, als daß sich etwas Ernstes hätte entwickeln können. Man könnte sagen, daß ich mit meiner Arbeit verheiratet bin.«

Yvette hielt jetzt sein Handgelenk aus einem ganz bestimmten Grund umfangen. Sie hatte ein feines Empfindungsvermögen, gleich einem Lügendetektor und nahm die kleinen Veränderungen des Pulsschlages wahr, die winzigen Muskelanspannungen, die auftraten, wenn einem Menschen bei dem, was er sagt, nicht wohl zumute ist. Es war ein Trick, den sie vor Jahren von ihrem Onkel Marcel, dem Zauberer des Zirkus, gelernt hatte. Für ihn war es ein wichtiger Teil seiner Gedankenlesekünste.

Was sie nun von Daks Handgelenk »ablas«, ärgerte sie. Er log zwar nicht direkt, aber gleichzeitig suchte er sich sehr vorsichtig einen Weg zwischen den Säulen der Wahrheit. Nicht ein einziger Punkt war völlig unwahr. Das beruhigte sie, denn sie hatte entdecken müssen, daß er ihr ein wenig gefiel.

Aus dem Tanzsaal hörte man das Orchester. Yvette wollte plötzlich weg. »Kommen Sie, ich möchte tanzen!« sagte sie und führte Dak zurück in den Tanzsaal zur Tanzfläche. Er leistete nicht den geringsten Widerstand.

Die zwei Beobachter verschwanden in der Finsternis, als sie sich in den Tanzsaal begaben, und das beunruhigte sie noch mehr. Warum schnüffeln die hinter mir her? fragte sie sich. Haben sie mit diesem Fall zu tun? Aber so rasch können die meine Tarnung doch nicht durchschaut haben?

Den ganzen Abend durchschwirrten diese Gedanken ihren Kopf und ließen nicht zu, daß sie sich ganz einfach amüsierte.

Die nächsten fünf Tage vergingen wie im Flug. Meist waren sie erholsam, da Yvette sich größtenteils in Daks Gesellschaft befand. Sie unterhielten sich über alltägliche Dinge, tauschten Kindheitserinnerungen aus und tratschten über die Eigenheiten ihrer Mitpassagiere. Sie versuchten sich in sämtlichen an Bord möglichen Sportarten, wobei Yvette höchste Vorsicht walten lassen mußte, ihre physischen Talente nicht zu auffällig werden zu lassen. Ihr Lieblingszeitvertreib war das »Freischwimmen« in einem Raum mit Nulldruck, ein Sport, der dem Schwimmen im Wasser aus mehreren Gründen überlegen war. Man konnte ihn dreidimensional betreiben, ohne den Widerstand des Wassers überwinden zu müssen, man brauchte sich nachher nicht abzutrocknen, brauchte keine eigene Bekleidung – das Freischwimmen wurde meist nackt betrieben – und es drohte nicht die Gefahr des Ertrinkens.

Yvette war den freien Fall gewohnt, da sie seit frühesten Kindheitstagen mit dem Zirkus unterwegs war, doch hatte sie kaum je das Vergnügen gehabt, es in einem großen Raum zu tun, in dem sie sich frei bewegen und nach Herzenslust akrobatische Kunststücke vollführen konnte. Beim Freischwimmen wurde sie richtig lebendig, und ihr Überschwang steckte ihre Umgebung an. Sie drehte und wirbelte, machte Purzelbäume in der Luft und wurde von ihren Mitpassagieren bejubelt – die keine Ahnung hatten, daß sie der größten Akrobatin der Galaxis zusahen.

»Das können Sie ja fabelhaft«, bemerkte Dak, während sein Blick bewundernd über Yvettes herrlich gerundete Gestalt glitt.

Yvette schenkte ihm ihr wärmstes Lächeln. »Körperliche Ertüchtigung war schon immer meine große Leidenschaft. Mein Körper ist meine Wohnung – und ich habe nur einen Körper. Deswegen lasse ich ihm die bestmögliche Pflege angedeihen.« Den Rest des Tages verbrachte sie damit, Dak in die Grundlagen ihrer Kunst einzuführen. Er war ein begabter Schüler, und nach wenigen Stunden »schwammen« sie miteinander ganz annehmbar, wenn auch nicht vollendet.

Die glückliche Vollkommenheit des Tages wurde nur von der ständigen Gegenwart der zwei schattenhaften Beobachter getrübt. Zunächst bemerkte Yvette sie nur, wenn sie sich in Daks Gesellschaft befand. Diese zwei unauffälligen Gestalten beobachteten sie heimlich aus dem Hinterhalt, ohne selbst gesehen werden zu können. Später, als sich ihre Beziehungen zu Dak vertieften, war es nur mehr einer von den beiden, der ständig hinter ihr her war.

Aus praktischen Gründen nannte sie den Großen Gaspard und den Dicken Murgatroyd und versuchte jeden ihr bekannten Trick, um die beiden dazuzubringen, Farbe zu bekennen – vergeblich. Sie duckte sich hinter Ecken und machte überraschend kehrt – aber die Kerls kannten diesen Trick und ließen sich nicht hereinlegen. Sie tauchte in größeren Menschenansammlungen und offenen Räumen unter, aber sie drängten sich ebenfalls in die Menge und ließen sie nicht aus den Augen. Es gelang ihr zwar mehrmals, sie abzuschütteln, aber an Bord eines Schiffes war der Raum doch zu beschränkt, und die beiden hatten nach wenigen Stunden wieder ihre Fährte aufgenommen.

»Wer sind die zwei?« fragte sie sich immer häufiger. »Die sind verdammt gut. Gehören sie etwa zu der Verschwörung, die ich aufdecken soll? Nichts spricht dafür, daß die Bande auch Späher auf den einlaufenden Schiffen unterhält – aber möglich wäre es immerhin. Wer immer sie sein mögen – die beiden machen mir schwer zu schaffen.«

Der letzte Abend der Reise war gekommen. Am nächsten Tag würde die »Kaiserin Irene« auf Vesa festmachen, und Yvettes richtige Arbeit würde beginnen. Aber heute abend wollte sie sich in aller Ruhe amüsieren. Sie speiste mit Dak, und ihre Unterhaltung war freizügiger als zuvor. Ein paarmal fiel Yvette auf, daß ihr Begleiter offenbar von einem bedrückenden Gedanken verfolgt wurde und nahe daran zu sein schien, sie ins Vertrauen zu ziehen. Aber irgend etwas mußte ihn davor zurückhalten, und er änderte dann unvermittelt das Thema. Yvette, die fühlte, daß sie ihn nicht drängen durfte, sagte dazu gar nichts.

Nach dem Dinner gingen sie gemächlich und eng umschlungen an Bord spazieren und sprachen nicht viel. Beim Lift angekommen, wo sie sich gewöhnlich trennten, lud Dak sie ein, heute nacht zu ihm zu kommen. Yvette zögerte und lehnte dann höflich ab, indem sie ihre erst kurze Zeit währende Witwenschaft vorschob. »Wie ich schon sagte, kommt manchmal mein puritanisches Erbe durch und setzt sogar mich in Erstaunen. Dein Angebot ist verlockend, aber Carlos' Tod liegt noch nicht lange zurück . . .« Sie brach nachdenklich ab.

»Verstehe«, sagte Dak leise. Er sah sie an und nahm sie in seine Arme. Eine endlose, sinnliche Minute lang preßten sich ihre Körper aneinander, dann sagte er: »Ich bin ein Redner, der, wenn ihn ein echtes Gefühl überkommt, nichts herausbringt und daran erstickt. Und eben jetzt geht es mir so. Ich weiß, daß Schiffsromanzen eine geheimnisvolle Mystik innewohnt, und ich kämpfe dauernd dagegen an. Aber ich habe den Kampf verloren, Carmen, ich glaube, ich bin verliebt in dich. Möchtest du mich heiraten?«

Yvette mußte feststellen, daß sie Tränen in den Augen hatte. »Deine Sprachlosigkeit muß ansteckend sein«, stammelte sie. »Mir fällt nur das alte Klischee ein, daß alles so plötzlich kommt und dergleichen. Ich weiß nicht, was ich davon halten soll. Ja, ich weiß, du verdienst eine bessere Antwort – aber mehr kann ich im Augenblick nicht dazu sagen.«

Dak zuckte die Achseln. »Ich erwarte heute keine Antwort. Vielleicht werden wir im kalten Licht des Morgens auf Vesa darüber lachen, wie albern wir waren, Begehren mit Liebe zu verwechseln. Aber ich möchte, daß wir die Sache eine Weile in Betracht ziehen, ja?«

»Ich kann mir kein angenehmeres Thema für Überlegungen vorstellen«, erwiderte Yvette.

Die zwei standen lange eng aneinandergeschmiegt beisammen und genossen das Gefühl der gegenseitigen Zuneigung. Dak beugte sich über sie und ihre Lippen trafen sich in einem leidenschaftlichen Kuß.

Yvettes ganzer Körper prickelte noch von dem Kuß, als sie mit dem Lift hinauffuhr und den langen Gang zu ihrer Suite entlangging. Ihr Kopf war angenehm umnebelt von der Verwirrung, die der Konflikt zwischen Gefühl und Verstand mit sich gebracht hatte. Ihre Gefühle sagten ihr, daß hier wenigstens ein Mann wäre, den sie lieben konnte. Sie war neunundzwanzig und noch immer allein. Im fruchtbaren Clan der d'Alemberts galt dies als ungewöhnlich. Sie hatte natürlich ihren Anteil an romantischen Verwicklungen abbekommen, aber noch nie hatte der magische Funke so hell gebrannt wie jetzt. Dak Lehman sah gut aus, war intelligent, charmant, liebenswürdig, reich, noch zu haben und in sie verliebt. Die Kombination hätte nicht besser sein können. Dabei spielte es keine Rolle, daß ihr Vater nicht nur Direktor des Zirkus, sondern Herzog des Planeten DesPlaines und sie selbst eine Dame des Reiches war. Einer Ehe mit einem Bürgerlichen haftete kein Makel an. In gewissen Kreisen wurden solche Ehen sogar aktiv gefördert.

Eine Tatsache allerdings konnte sie nicht unbeachtet lassen. Dak Lehman stammte nicht von DesPlaines. Das war nicht Chauvinismus, was diesen Punkt so wichtig machte, sondern praktische Überlegung. Daks Heimatplanet Largo besaß eine Oberflächenschwerkraft, die annähernd jener der Erde entsprach, während Yvette aus einer Welt mit dreimal so hoher Schwerkraft stammte. Er würde in ihrer Heimat nicht leben und sich wohl fühlen können. Sogar bei seiner jetzigen, hervorragenden körperlichen Verfassung würde er stark behindert sein. Und in zehn, zwanzig, dreißig Jahren würde aus ihm ein hoffnungsloser Krüppel geworden sein.

Yvette ihrerseits hätte die geringe Schwerkraft anderer Welten viel besser vertragen, aber Komplikationen hätte es dennoch gegeben. Menschen aus Hochschwerkraftwelten neigten zu Knochenerkrankungen, wenn sie sich nicht ständig bei geringerer Schwerkraft bewegten. Sie könnte als arthritischer Krüppel enden – ein Schicksal, das ihr wahrlich nicht erstrebenswert schien. Dazu kam, daß sie sich in ein selbstgewähltes Exil würde begeben müssen, getrennt von allen Freunden und Familienangehörigen, die ihr alle so nahestanden.

Dann war da noch die Frage der relativen Kraftverhältnisse. Bis jetzt hatte sie in dieser Beziehung sehr vorsichtig sein müssen. Mitten in einer leidenschaftlichen Umarmung hatte sie darauf achten müssen, daß sie Dak dabei nicht ein paar Rippen brach. In einer Ehe mit ihm würde sie ständig mit solcher Furcht leben müssen und würde sich nie gehenlassen dürfen, weil die Gefahr bestand, ihn zu verletzen oder sogar zu töten. All diese Gedanken zügelten ihre Leidenschaft, während sie in ihrer Tasche nach dem Schlüssel suchte.

Aber ich liebe ihn dennoch, dachte sie bei sich.

Als sie den Magnetschlüssel in der Hand hatte und damit über das Türschloß streichen wollte, bemerkte sie, daß unter dem Türrahmen Licht schimmerte. Sie konnte sich deutlich erinnern, daß sie das Licht ausgeschaltet hatte, als sie vor Stunden das Zimmer verlassen hatte . . . und ihre Zimmerbeleuchtung war nicht darauf eingestellt, von selbst zu verlöschen.

Plötzlich waren alle Gedanken an Dak Lehman aus ihrem Bewußtsein verbannt, und sie war wieder Yvette d'Alembert, Spitzenagentin des *Service of the Empire*. Jetzt ging es um ihre Mission. Eine oder mehrere Personen waren also in ihr Zimmer eingedrungen, hatten Licht gemacht und es nicht wieder ausgeschaltet. Vielleicht handelte es sich um einen simplen Einbruch und der Dieb war schon seit Stunden wieder weg, aber dieses Risiko durfte sie nicht eingehen. Während sie angestrengt nachdachte, wurde ihr plötzlich bewußt, wieso der Abend so zwanglos und nett verlaufen war – die zwei bedrohlichen Schatten hatten sie nicht verfolgt. Zunächst war sie darüber überrascht gewesen, dann hatte sie es im Verlauf des herrlichen Abends vergessen. Jetzt war alles plötzlich klar. Sie hatten sie nicht verfolgt, weil sie ihr in ihrem eigenen Zimmer auflauerten.

Yvette war froh, daß sie auf Daks Vorschlag nicht eingegangen war. Diese zwei Gesichtslosen bereiteten ihr ziemliches Unbehagen, aber von sich aus hatte sie nicht aktiv werden können. Und jetzt ergriff plötzlich die Gegenseite die Initiative, und Yvette beschloß, die Sache rasch zu einem Ende zu bringen.

Ihr analytischer Verstand arbeitete in rasender Geschwindigkeit. Sie überlegte, welche Strategie sie anwenden sollte. Der Gang war ruhig wie immer, und sie hatte ihre Schritte nicht gedämpft. Gaspard und Murgatroyd wußten also, daß sie vor der

Tür stand. Auf ein Risiko würden sich die nicht einlassen – sicher standen sie mit schußbereiten Waffen da und ballerten los, sobald sie die Tür öffnete. Schuß- oder Betäubungswaffen – das war dann einerlei. Sie würden jedenfalls versuchen, sie irgendwie außer Gefecht zu setzen.

Sie würden jedoch ihre Waffen auf ein durch die Tür hereinkommendes Ziel richten, da man ja normalerweise auf diese Weise einen Raum betrat. Und wahrscheinlich würden sie sehr tief zielen – auf ihre Mitte oder tiefer –, um mit Sicherheit zu treffen. Doch da gab es vielleicht noch eine andere Möglichkeit, in das Zimmer zu gelangen . . .

Yvette blickte sich hastig um und erspähte, was sie brauchte. Alle Starliner waren mit einer Reihe von Griffleisten ausgestattet, falls ein Notfall eintrat und die künstliche Schwerkraft aussetzte. Diese Griffleisten waren so gestaltet, daß sie mit dem übrigen Dekor übereinstimmten, aber sie waren vorhanden und waren ausreichend stabil für ihr Vorhaben. Sie konzentrierte sich auf die Leiste über der Tür und bereitete sich auf das Kommende vor.

Zunächst fuhr sie mit dem Magnetschlüssel über das Schloß, wartete jedoch das Öffnen der Tür nicht ab, sondern sprang, sich an der Griffleiste über der Tür festhaltend, hoch. Als nun die Tür lautlos beiseiteglitt, hörte sie das leise Summen der sich entladenden Waffen, die unter ihr auf jene Stelle gerichtet waren, an der sie nach Annahme der Täter hätte stehen sollen. Die Schüsse pfiffen also harmlos durch die Luft und trafen die gegenüberliegende Seite des Ganges.

Fester zupackend, benutzte Yvette nunmehr die Griffleiste als Drehpunkt für einen Schwung. Sie sprang, die Beine vorschwingend und in seitlicher Richtung abschwingend, durch die obere Hälfte des Türeinganges. So landete sie außerhalb der Schußlinie neben einem Stuhl. Noch während des Niedergehens merkte sie, daß die Eindringlinge die Schwerkraft in ihrem Zimmer auf Eins heruntergeschaltet hatten – offenbar sich selbst zuliebe. Was sie dabei nicht bedacht hatten, war der Umstand, daß die geringere Schwerkraft es Yvette erleichterte, gegen sie zu kämpfen.

Die zwei Männer hatten drei Meter entfernt von der entgegengesetzten Wand Aufstellung genommen und auf die Tür gezielt, um sie ins Kreuzfeuer zu nehmen. Yvette erfaßte die Situation im Bruchteil einer Sekunde und richtete sich sofort darauf ein. Ohne beim Landen am Boden die geringste Pause einzulegen, schnellte sie aus federnder Kniebeuge und die Wucht des Aufsprunges noch nützend zu einem weiteren Sprung hoch. So sprang sie durch den Raum auf den Mann zu, den sie Murgatroyd nannte, und drehte sich katzenartig während des Sprunges in der Luft. Gleichzeitig ließ sie ihre Rechte seitlich vorschnellen und versetzte dem Mann seitlich am Hals einen Handkantenschlag. Hätte sie nicht mit Vorbedacht die allerletzte Sekunde dazu gewählt, so hätte sie ihm den Hals gebrochen. So aber machte Murgatroyd eine Drehung und fiel bewußtlos um, während Yvette in zügiger Fortsetzung, sich um die eigene Achse drehend, den anderen Revolverhelden ansprang.

Es war Gaspard, wie sie ihn nannte. Seine Reflexe waren nicht von schlechten Eltern. Yvettes Angriff auf seinen Kollegen hatte ihm den nötigen Sekundenbruchteil an Zeit gelassen, sich von Yvettes überraschendem Eindringen zu erholen und sich in ihre Richtung zu wenden. Aber auch so waren seine Reflexe denen eines DesPlainianers mit Superkondition nicht gewachsen.

Eben als er sich ihr zuwandte und seine Waffe anlegte, war Yvette auch schon über ihm – siebzig Kilo einer wuterfüllten Masse. Die Wucht ihres Körpers beim Ansprung hatte beide zu Boden geworfen, und ein kurzes Zudrücken ihrer steifen Finger genau unter seinen Rippen trieb ihm Luft und Kampfgeist völlig aus.

Als der zweite Mann schlapp wurde, erhob sich Yvette mit einem Seufzer der Erleichterung. Eine plötzliche Bewegung, knapp an der Grenze ihres Blickfeldes, bannte ihr Auge, aber noch ehe sie sich umdrehen und etwas sehen konnte, hörte sie das Summen einer Betäubungswaffe. Sie spürte, wie sie von einer Lähmung übermannt wurde und fiel mit schlaffen Gliedern, mit dem Gesicht voran, auf den Teppichboden.

Der versteckte Angreifer mußte seinen Stunner auf die erste Stufe eingestellt haben, auf die geringste Stufe, weil Yvette nicht das Bewußtsein verlor. Ihre bewußt steuerbaren Muskeln widersetzten sich jedoch ihrem Willen, und sie lag hilflos auf dem Boden. Die Tatsache, daß der Angreifer die geringste Stufe der Waffe eingesetzt hatte, war zwar ermutigend – er hätte sie ja ebensogut töten können –, aber in diesem Augenblick bot ihr das wenig Trost.

Yvette hätte sich ohrfeigen können, weil sie so dumm gewesen war. Weil sie nur zwei Verfolger gesichtet hatte, war ihr der Gedanke an einen weiteren gar nicht gekommen. In blindem Selbstvertrauen hatte sie sich zu einer falschen Annahme verleiten lassen. Sie hätte in ihrer Wachsamkeit nicht nachlassen dürfen, ehe sie nicht den Raum gründlich durchsucht und sich vergewissert hatte, daß sich niemand anderer darin versteckt hielt. In dem Spionagespiel konnte sich jeder der Spieler nur einen Fehler erlauben, denn dieser eine war gewöhnlich tödlich. Yvette betete darum, es möge diesmal nicht der Fall sein und schwor sich, nie wieder einen solchen Unsinn zu machen.

Während sie so dalag, hörte sie die Schritte jener Person, die auf sie geschossen hatte. Sie konnte den Kopf nicht wenden und ihn sehen, aber ein Paar Männerschuhe kam in ihren Gesichtskreis. »Meinen Glückwunsch, Gospoza Velasquez! Sie wehrten sich tapferer, als man es hätte erwarten dürfen. Wir unterschätzten Sie, und das gefällt mir gar nicht. Seien Sie versichert, daß es nicht wieder vorkommen wird.

Vermutlich sollte ich Ihnen als erstes sagen, daß wir Ihnen persönlich nichts tun wollen. Das klingt in Anbetracht der Falle, in die wir Sie lockten, etwas lächerlich – ich weiß. Aber unsere Stunner waren nur auf Eins gestellt – wir möchten uns nur mit Ihnen ungestört unterhalten können. Wir sind vernünftige Menschen.«

Die Stimme machte eine Pause, während der Unbekannte einen Schritt zurück tat und sich auf die Bettkante ihres Bettes setzte.

»In den letzten Tagen fiel uns auf, daß Sie an Gospodin Lehman ungewöhnliches Interesse zeigten. Nun ergibt es sich aber, daß auch wir an ihm interessiert sind und wir sind – wie soll ich sagen? – eifersüchtig, wenn andere auf der Bildfläche auftauchen. Wir würden es begrüßen, Gospoza Velasquez, wenn Sie von einem Wiedersehen mit Lehman Abstand nähmen. Sicher – diese Bordromanzen können schon mal vorkommen – wie gesagt, wir sind ja vernünftige Menschen, und wenn Sie Lehman nie mehr wiedersehen, werden auch Sie uns nicht mehr wiedersehen.

Sie stehen vor einem Urlaub auf Vesa, einem der größten Vergnügungszentren der Galaxis. Es wird also mehr als genug Gelegenheit geben, Gospodin Lehman zu vergessen. Sie sind eine sehr attraktive Frau, Gospoza Velasquez, und ich zweifle nicht, daß sich Ihnen Scharen von Männern zu Füßen legen und den Verlust des einen reichlich wettmachen werden. Sie sind dazu noch eine intelligente Frau, und aus diesem Grund verbreite ich mich auch nicht näher über den Punkt, wie aufgebracht meine Freunde und ich wären, wenn Sie auf unseren Vorschlag nicht eingingen.«

Der Mann stand wieder auf und trat zu Gaspard hin. Der Große war von Yvettes Treffer nicht ganz außer Gefecht gesetzt worden – sie hatte nämlich die Absicht gehabt, ihn auszufragen, warum er sie verfolgt hatte. Gaspard hatte, während sein Freund zu Yvette gesprochen hatte, gegen Übelkeit angekämpft und rappelte sich nun, von seinem Freund unterstützt, langsam auf. Gemeinsam untersuchten sie Murgatroyd, der noch immer reglos dalag.

Sie hoben ihren Kameraden auf und gingen zur Tür. Auf der Schwelle blieben sie stehen und der eine, der bis jetzt das große Wort geführt hatte, sagte: »Wir müssen uns für die Störung entschuldigen. Hoffentlich verbringen Sie einen schönen Urlaub auf Vesa!«

Bis sich die Wirkung des Stunners nach etwa zehn Minuten verflüchtigt hatte, schien es Yvette zwecklos, die Verfolgung aufzunehmen. Sie mußte sich damit abfinden, daß sie nun die ganze Nacht wach in ihrem Bett lag, gegen die dunkle Decke starrte und genau vorausplante, was sie mit dem Trio bei der nächsten Begegnung machen würde.

V

Zufälle und Unfälle

Jules' zweiter Arbeitstag auf Vesa verlief viel ruhiger als der erste, doch die Stimmung war gedrückt. Sogar die Männer, die am Tumult des Vortages nicht beteiligt gewesen waren, gingen auf Zehenspitzen, aus Befürchtung, den Zündstoff zur Explosion zu bringen, der, wie sie wußten, im Inneren der Beteiligten noch immer vorhanden war.

Vergrößert wurde das Problem noch durch die Tatsache, daß die Mannschaft heute mit weniger Personen auskommen mußte. Brownsend war nicht zur Arbeit erschienen und ein von Fizcono getätigter Anruf in dessen Quartier brachte kein Ergebnis. »Vielleicht leckt er seine Wunden«, sagte der große Mann. »Gestern bei Arbeitsschluß sah er gar nicht gut aus. Aber morgen muß er da sein, sonst wird er gefeuert. Drückeberger dulde ich hier nicht.«

Rask lief mit düsterer Miene umher, ließ aber während des Umkleidens nur ein paar böse Worte laut werden. Es war offenbar, daß er sich ungerecht bestraft fühlte – schließlich hatten die Chandakhari als erste angegriffen. Er hatte nur seinen Freund schützen wollen, und dafür hatte man ihm einen Wochenlohn gestrichen! Diese Ungerechtigkeit lastete schwer auf seinem Gemüt.

Die Chandakhari wiederum waren noch abweisender, noch verschlossener und sonderten sich noch mehr von den anderen Arbeitern ab. Der junge Mann, der eigentlich den Streit begonnen hatte – er hieß Radapur, wie Jules inzwischen eingefallen war –, hielt sich abseits und warf Rask hohnvolle und haßerfüllte Blicke zu.

Jules war am schlimmsten dran, weil niemand so recht wußte, auf wessen Seite er in dieser Angelegenheit stand. Während des Kampfes war er beiden Seiten zu Hilfe gekommen und hatte sich damit von beiden Feindseligkeit eingehandelt. Niemand traute dem Neuankömmling, und so blieb er für den ganzen Tag ein Verfemter.

Was ihn betraf, so berührte es ihn nicht, denn er hatte viel zu überlegen. Gestern war er nach Arbeitsschluß noch ausgegangen und hatte einige Barlokale in den mehr obskuren Vierteln der unterirdischen Stadt besucht. An dem einen Abend hatte er natürlich nicht alle abklappern können. Die »Vesa« genannte Niederlassung bestand aus vielen tausend Quadratkilometern Kavernen und Gängen, und mit wachsendem Wohlstand kamen immer mehr dazu. Obwohl er also nur einen kleinen Teil des Lebens hier kennengelernt hatte, formte sich allmählich ein Bild, das ihn sehr überraschte.

Vesas skandalträchtiger Ruf war in der gesamten Galaxis verbreitet. Der Mond galt als Glückshafen der Spieler, als Welt der Unausgeglichenheit und Gegensätze, in der für Geld einfach alles zu haben war. Demzufolge hatte Jules erwartet, daß auch das Privatleben auf Vesa lasziv und ungezügelt sein würde. Er mußte jedoch das Gegenteil feststellen. Die ständigen Einwohner Vesas waren im großen und ganzen sehr solide Bürger. Die Handvoll Bars, die er besucht hatte, waren ordentlich und ruhig, mit wenig Radau und grundlosen Streitereien. Es gab zwar die üblichen Betrunkenen und Dyevkas, wie man die Dirnen nannte – aber deren Leben schien sich abseits der übrigen Bevölkerung abzuspielen.

Jules fand wenig Anzeichen von ungezügelter Gier nach raschem Gelderwerb oder gröberen Formen der Korruption, ganz zu schweigen von einer Verschwörung so großen Umfangs, wie es die organisierte Ermordung von Touristen sein mußte. Wie konnte man einem so ruhigen und zivilisiertem Volk an diesen Verbrechen, die nach all den vorliegenden Beweisen tatsächlich verübt worden waren, die Schuld geben?

Andererseits gab es da den faszinierenden Kampfstil, zu dem sich die gestrige Schlägerei entwickelt hatte. Diese Chandakhari hatten wie eine gut aufeinander eingespielte Kampfeinheit agiert. Als der Wirbel anfing, hatte jeder genau gewußt, an welcher Stelle er zu stehen und was er zu tun hatte. Das war von einer Schar von Bauern oder Dockarbeitern, die sich vielleicht in irgendwelchen Bars auf Schlägereien einließen, nicht zu erwarten. Die militärische Präzision, mit der sie bei ihrer Aktion vorgegangen waren, war furchteinflößend. Jules zog daraus den Schluß, daß diese Chandakhari einer näheren Betrachtung wert waren.

Der erste Teil des Arbeitstages verging ereignislos, obgleich die Spannung innerhalb der Arbeitsgruppe zum Schneiden dick war. Kurz nach der Mittagspause kam es jedoch zu einer kleinen Entladung. Der Kranführer, ein Chandakhar, war eben dabei, mit dem Kran eine Last aus dem Schiff auf den Tieflader zu heben. Rasks Aufgabe war es nun, den Raum für die Ladung freizumachen und diese an die richtige Stelle zu dirigieren, während andere mithalfen, den Behälter ruhig zu halten. Aber irgendwie wurde von den einen oder anderen ein Zeichen übersehen, und der Behälter trudelte vom Kran herunter. Er landete mit einem lautlosen Aufprall, dessen Erschütterung alle unter den Sohlen verspürten, und zwar nicht auf dem Laster, sondern auf dem Kraterboden. Der Container war dem Aufprall nicht gewachsen, er zerbarst, und sein Inhalt wurde über die luftlose Krateroberfläche verstreut.

Rask explodierte wie eine Supernova. »Du dreckiger kleiner Kulyak!« rief er über die Sprechanlage, daß es alle hören konnten. »Du hast mein Signal absichtlich übersehen!«

Der Kranführer, ein Mann namens Forakhi, nahm den Vergleich mit einem der unappetitlichsten Tiere der Galaxis nicht ohne weiteres hin und schrie etwas in seiner Muttersprache zurück. Seine Ausdrücke waren auch nicht von schlechten Eltern, denn die anderen Chandakhari zuckten sichtlich zusammen, als sie das hörten. Dann fuhr der Kranführer fort: »Ich habe kein Zeichen übersehen – du hast mir absichtlich ein falsches gegeben, damit ich die Kiste fallen lasse.«

»Du nennst mich einen Lügner?« brüllte Rask.

Plötzlich tauchte Laz Fizcono zwischen den Streitenden auf. »Ich möchte nichts mehr von absichtlich und dergleichen hören«, kläffte der große Mann und übertönte damit die Streitenden. »Ich habe genau zugesehen – es war einfach ein Zufall. Unsere Nerven sind heute zum Zerreißen angespannt, wir müssen uns zusammennehmen, damit solche Fehler vermieden werden.«

Er drehte sich um und begutachtete die über den Kraterboden verstreute Ladung. Der Container hatte Salat enthalten, zehntausend Köpfe, die nun um den Laster herumlagen. Da Salat größtenteils aus Wasser besteht, wirkte das starke Sonnenlicht auf Vesa und der Sorg des Vakuums zusammen, um den Salatköpfen alle Flüssigkeit zu entziehen und sie fast augenblicklich in eklige, braungrüne Schleimklumpen zu verwandeln.

Fizcono fuhr fort: »Wir müssen das Zeug sofort entfernen, damit wir weitermachen können.« Er wandte sich an Jules. »Ich möchte, daß du, duChamps, mit Hastings, Ktobu und Hassahman das Gelände säuberst. Seht zu, daß das Zeug wegkommt, bevor es den Boden total verklebt. Ich muß jetzt die Anträge an die Versicherung ausfertigen. Wenn ich daran denke, wird mir schon übel. Alle anderen sollen ihre Arbeit weitermachen. Ein Unfall ist keine Entschuldigung für Drückebergerei.«

Jules und seine hierfür abgestellten Kollegen machten sich sofort an die ihnen übertragene Aufgabe. Sie liefen in den Hangar, in welchem sich Geräte und Maschinen befanden, suchten nach dem Spezialgerät dafür und fuhren es an die Unfallstelle. Es handelte sich um eine Maschine, die »Schaufler« genannt wurde – ein Traktor, mit einem scharfkantigen, flachen Vorbau, der wie ein riesiges Fegeblech fungierte. Im Vorwärtsfahren wurden die schmorenden Salatköpfe vom Boden abgehoben und wenn genug beisammen war, wurden sie über die Köpfe der Bedienungsmannschaft hinweg in einen riesigen Abfallbehälter geworfen. Jules und Ktobu gingen vor der Maschine und halfen nach, den Abfall aufzusammeln, während Hassahman am Steuer saß und Hastings den Abfallbehälter nach jeder Füllung feststampfte.

»Was geschieht mit dem Zeug, wenn es eingesammelt ist?« fragte Jules neugierig. »Wird es verbrannt oder was?«

Ktobu schüttelte den Kopf. »Eine solche Verschwendung ist verboten. Das Recycling-Zentrum holt die Behälter ab.«

Ktobu schien das für etwas ganz Selbstverständliches zu halten, und Jules ging ein Licht auf. Vesa war als luftleerer Mond ein ziemlich abgesondertes Gemeinwesen. Es gab wahrscheinlich ein paar kleine hydroponische Plantagen, die aber nur einen kleinen Prozentsatz der konsumierten Lebensmittel hervorbrachten, aber der Großteil mußte von Chandakha und anderswo importiert werden. Alles Organische wurde als potentiell eßbar erachtet, eine Verschwendung konnte man sich nicht leisten. Um die Importe möglichst gering zu halten, mußte man Wiederaufbereitungsanlagen haben, die den organischen Abfall sortierten und soviel wie möglich für künftigen Gebrauch herausholten. Dieses System wurde auf allen luftleeren Welten angewandt, aber Jules hatte noch nicht viele dieser Art kennengelernt und dem Problem bis jetzt keine Beachtung geschenkt. Es dauerte bis zum Arbeitsschluß und noch eine halbe Stunde länger, bis alles wieder sauber war. Fizcono, tüchtig wie immer, hatte vom Recycling-Zentrum, wie man die Wiederaufbereitungsanlage auch nannte, bereits einen Laster bestellt, und dieser traf eben ein, als Jules und seine Mannschaft den »Schaufler« mitsamt dem überquellenden Sammelgefäß zurück in den Hangar brachten. Die Männer des Recycling-Zentrums, in weißen Anzügen, machten sich schweigend an die Arbeit und verluden den Abfall auf ihren Laster. Sie fuhren ab, fast ohne ein Wort gesprochen zu haben. »Sind die immer so einsilbig?« fragte Jules Fizcono.

Der große Mann nickte. »Daran ist das Kastenwesen schuld«, erklärte er. »Das System der Kasten wurde zwar offiziell schon lange vor der Besiedlung Chandakhas abgeschafft, aber gesellschaftliche Tabus haben oft ein sehr langes Leben, besonders unter einem so traditionsverbundenen Volk. Weil die Arbeiter in den Recycling-Anlagen mit Abfällen und totem Material zu tun haben, gelten sie als rituell unrein und werden von den anderen gemieden.« Er zuckte die Achseln. »Kann man eigentlich niemandem verübeln. Eine ziemlich dreckige Arbeit, wenn man es genau nimmt.«

Sobald Jules seine Arbeitszeit auf der Kontrolluhr gestochen hatte, ging er auf sein billiges Hotelzimmer, zog sich um und brach zu einer weiteren Tour durch die Nachtlokale auf. Die Situation war wie am Abend zuvor – viel zu ruhig. Er konnte zwar aus ein paar Gesprächsfetzen, die er auffing, entnehmen, daß es kriminelle Aktivitäten auf dem Mond gab, aber dabei handelte es sich bloß um Routineangelegenheiten: Drogen, Eigentumsdelikte, Prostitution und dergleichen. Damit müßte die hiesige Polizei fertig werden – oder sollte es zumindest. Jules hielt ja nach größerm Wild Ausschau – konnte es nirgends entdecken.

Ich muß es in einer anderen Richtung versuchen, sagte er sich, als er erschöpft nach Hause kam und ins Bett kroch. Irgendwie muß es doch einen Aufhänger an dieser Sache geben, sagte er sich. Es verschwinden durchschnittlich fünfunddreißig Menschen pro Tag. Es muß eine Organisation geben, die das betreibt, und wenn ja, dann muß sie irgendwo an der Oberfläche in Erscheinung treten.

Jules schlief ein, fand aber wenig Ruhe in der Nacht. Träume von Mördern, unbestimmbar und unerkennbar, ließen ihn sich im Bett unruhig hin und her wälzen.

Am nächsten Morgen mußte er sich sehr zusammennehmen, als er sich zur Arbeit schleppte. Es bedrückte ihn, daß seine Suche nach Spuren der Organisation ein Fehlschlag war, und der Gedanke daran, weitere acht Stunden eingepfercht zwischen zwei streitenden Parteien zubringen zu müssen, vergrößerte nur das Malheur. Er spielte sogar mit dem Gedanken, den Job sausen zu lassen und seine gesamte Zeit mit Nachforschungen zu verbringen. Das Geld hatte er nicht nötig, und die am Dock verbrachten Stunden zehrten von seiner Kraft und seiner Zeit, beides notwendig für seine eigentliche Aufgabe. Doch so bestechend diese Idee auch war, er legte sie mit einem bedauernden Seufzer ad acta. Das Leben eines Geheimagenten bestand eben zu neunundneunzig Prozent aus mühsamer Kleinarbeit. Er brauchte einen soliden Hintergrund für die Rolle, die er spielte, für den Fall, daß er in Schwierigkeiten geriet und durfte nicht zulassen, daß ihm seine früheren Erfolge zu Kopf stiegen und ihn überheblich machten. Daß er hier eine niedrige, hirntötende Arbeit verrichten mußte, hing eben mit der Besonderheit des Falles zusammen. Er kam fünf Minuten zu spät. Fast alle waren schon umgekleidet. Während er sich eilig in seinen eigenen Raumanzug zwängte, sah er sich um und bemerkte, daß heute zwei fehlten. Nicht nur Brownsend fehlte noch immer, sondern auch Rask. »Wo sind die beiden?« fragte er.

»Von Brownsend haben wir nichts gehört«, knurrte Fizcono. Es ging ihm natürlich gegen den Strich, mit verminderter Mannschaft arbeiten zu müssen. »Ich werde ihn suspendieren und um eine Arbeitskraft aus einem anderen Team bitten, bis er entweder zurückkommt oder wir ihn für immer ersetzen.« Sein Ton ließ erkennen, daß er letztere Möglichkeit bei weitem vorzog.

»Und was Rask betrifft«, fuhr der Vorarbeiter fort, »so weiß ich nicht genau, wo er ist. Sein Raumanzug ist nicht im Schrank, was bedeuten kann, daß er schon früher weggegangen ist. Das sieht ihm aber gar nicht ähnlich. Er ist zwar recht fähig, aber so viel Initiative hat er nicht. Ich ließ ihn schon per Funk rufen, aber er gibt keine Antwort. Ich weiß also ebensowenig wie du, wo er steckt.« Der große Mann schüttelte den Kopf. »DuChamps – wenn dir jetzt auch noch das Temperament durchgeht, dann kriege ich einen Nervenzusammenbruch.«

Der neue Mann, den Fizcono angefordert hatte, konnte erst später kommen, die Mannschaft ging also zunächst um zwei vermindert an die Arbeit. Wie gewöhnlich standen die Chandakhari in einer Gruppe beisammen, unterhielten sich nur wenig und waren sehr in sich gekehrt. Sie gingen an den fahrbaren Kran, der ihre Spezialität war, und fuhren über den offenen Krater zu dem zu entladenden Schiff. Jules, Fizcono und die übrigen folgten ihnen mit dem Ladefahrzeug, auf das die Fracht zunächst geladen werden sollte.

Jules hatte während der Fahrt seine Gedanken ziellos schweifen lassen, weil dies eine gute Entspannung darstellte, doch plötzlich wurde er durch eine Bewegung zu seiner Rechten wieder aus seinen Gedanken aufgeschreckt. Hinter zwei in der Nähe stehenden Schiffen schoß plötzlich der »Schaufler« mit voller Geschwindigkeit hervor und fuhr auf den fahrbaren Kran zu. Er fuhr nur mit etwa zwanzig Kilometern Stundengeschwindigkeit, also mit keiner halsbrecherischen Geschwindigkeit – aber auch so war er leichter und beweglicher als das Fahrzeug, dem er sich näherte.

Fizcono hatte das Fahrzeug fast gleichzeitig mit Jules wahrgenommen. »Was geht denn da vor?« rief er aus.

Jules' scharfe Augen hatten auch den Fahrer erkannt. »Es ist Rask«, sagte er knapp. »Er will den Kran rammen.«

Die Worte, die jetzt über Fizconos Lippen sprudelten, waren ein für Raumfahrer und Dockarbeiter typischer Slang und brachten Fizconos Mißfallen in besonders plastischen Bemerkungen zum Ausdruck. Jules war mit diesen Flüchen durchaus vertraut, sie hätten ihn auch nicht gestört, wenn er zugehört hätte, was aber nicht der Fall war. Er war ein Mann, der niemals stillsitzen und zusehen konnte, wenn Dinge vor ihm in Fluß gerieten. Er hatte sich daher schon in Bewegung gesetzt, als Fizcono erst die Frage stellte, was Rask denn vorhabe.

Der Kran war etwa zehn Meter von dem Laster entfernt, mit dem der SOTE-Agent mit den anderen unterwegs war. Einen kurzen Anlauf nehmend, sprang Jules vom Rand seines Fahrzeuges auf den Kran zu. Er berechnete seinen Sprung derart, daß er sich hierbei die herrschende geringe Schwerkraft nach Möglichkeit zunutze machen konnte. Er sprang daher in einem flachen Bogen, weil er wußte, daß er bei einem höher angesetzten Sprung mehr Zeit für den freien Fall benötigen würde und der Kran sich während dieser Zeit weiter entfernt hätte. Aber auch so schien es für seinen Begriff von Schnelligkeit eine Ewigkeit zu dauern, bis er den Kran erreichte. Auf Vesa ging der freie Fall eben viel langsamer vor sich.

Noch während des Sprunges rief er über Funk: »Alles herunter vom Kran! Rask macht Ernst!« Gleichzeitig vollführte er in einem blitzschnellen, akrobatischen Manöver eine Drehung, so daß er mit den Füßen voraus auf dem Kran landete. Während er sich auf sein Landungsmanöver konzentrierte, fand er dennoch Zeit, mit ein paar raschen Blicken zu erfassen, was das Schaufelgerät inzwischen unternahm.

Rask fuhr das kleine Fahrzeug äußerst ungleichmäßig. Obwohl es außer Frage stand, was sein Ziel war, verlief sein Kurs über den Kraterboden so, als hätte er das Gefährt nicht unter Kontrolle. Auch das Tempo des Fahrzeuges war unregelmäßig. Statt gleichmäßig dahinzufahren, beschleunigte er es so plötzlich, daß es zu einer Reihe von ruckartigen Vorwärtssprüngen kam.

Das änderte aber nichts an der Sache. Der Schaufler würde letztlich mit großer Wucht gegen den Kran prallen und bei dem Vakuum, das auf der Oberfläche von Vesa bestand, konnte jeder Unfall tödlich enden.

Der Kran hielt an, kurz bevor Jules ihn erreichte. Die Chandakhari an Bord hatten gemerkt, was im Gange war. Nach einem Augenblick der Überraschung reagierten sie so, wie Jules es gewollt hatte, und kletterten so rasch wie möglich herunter. Da sie in Raumanzügen steckten, war es ein schwieriges und gefährliches Unterfangen, denn das Herumklettern auf einer Maschine konnte zu einem Riß im Material ihrer Umhüllung führen und dies wiederum zu sofortigem Tod. Jules war ordentlich erleichtert, als er sah, wie rasch sie sich bewegten.

Jules landete in elastischer Kniebeuge, um den Aufprall zu mildern und hielt sich an den Verstrebungen fest, bis er sein Gleichgewicht wiedererlangt hatte. Dann lief er in das Führerhaus des Kranes und ergriff die Steuerung.

Rask kam jetzt mit Höchstgeschwindigkeit längsseits des Kranes heran. Ein Zusammenstoß war unvermeidlich, denn der Kran war für ein Ausweichmanöver zu langsam. Jules wollte den großen Kran wenigstens so weit wie möglich um seine Achse drehen, denn wenn der Aufprallwinkel weniger als neunzig Grad betrug, würde die Wucht des Zusammenstoßes mit dem Schaufler gemildert werden.

Obwohl es auf der luftlosen Oberfläche von Vesa keine Geräusche gab, glaubte Jules in seiner Phantasie das Knirschen der Raupen zu hören, während er mit aller Kraft an den Hebeln riß. Rasks Fahrzeug kam rasend schnell näher, war nur mehr ein, zwei Dutzend Meter entfernt. Die Raupenkette des Krans verursachte ein Beben, als Jules sie bei der Drehung des Krans bis zu den Grenzen der Belastbarkeit beanspruchte. Der Kran drehte sich – fünf, zehn Grad – und dann war es zu spät. Der Schaufler traf seitlich am Kran auf, mit der vollen Wucht seiner Masse von zwanzig metrischen Tonnen.

Jules verließ seinen Posten knapp vor dem Zusammenstoß – er wollte nicht in der Kabine herumgeschleudert werden und sich dabei womöglich den Raumanzug aufreißen. Er war durch die offene Tür der Kabine hinausgeeilt und befand sich im Moment des Zusammenstoßes an der Außenseite des Kranes. Die Gewalt des Aufpralls übertrug sich von den Füßen aufwärts durch den ganzen Körper. Sein Kopf wurde derart erschüttert, daß es ihm fast die Zähne ausbrach und er das Gefühl hatte, daß sie wie Würfel auf einem Spieltisch in seinem Kopf herumkollerten. Ein jäher Schmerz durchfuhr sein linkes Bein unter dem Knie, das ihm infolge der seinerzeitigen Verletzung immer noch zu schaffen machte. Jules zuckte zusammen, als das Bein nachgab und er nach einem Halt suchen mußte.

Rask hatte für den Zusammenstoß die Schaufel seines Fahrzeuges mittels des Hebemechanismus hoch- und vorgereckt, in der Hoffnung, den größeren Kran auf diese Weise umkippen zu können. Der Kran schwankte und bebte auch, und Jules fürchtete schon, Rask könnte sein Ziel erreichen. Aber der Kran war einfach doch zu massiv, und nach einiger Zeit ließ Rask davon ab, jedoch nur, um sich eine neue Schurkerei einfallen zu lassen.

Radapur, der vor zwei Tagen damals den Streit begonnen hatte, war mit seinen Kollegen vom Kran gesprungen und stand nun allein da, etwa fünfzehn Meter entfernt von Rasks Fahrzeug. Rask bemerkte ihn, lenkte vom Kran weg und steuerte nun sein Fahrzeug auf den einsam dastehenden Chandakhari zu.

Jules erkannte, daß keiner der anderen Männer Radapur vor Rask erreichen konnte. Er mußte also auf eigene Faust handeln, wenn er den Jungen retten wollte. Er versuchte, ihm eine Warnung zuzurufen, doch über die Kopfhörer kam so viel Geschrei und Stimmengewirr, daß man einzelne Stimmen nicht verstehen konnte. Jules unterzog sein linkes Bein einem Test, fühlte, daß es wieder einsatzfähig war, und machte sich zu einem Sprung bereit.

Über ihm baumelte, etwa fünfundzwanzig Meter über dem Boden, der große Kranhaken. Jules nahm einen Anlauf und sprang mit Beinen, die ihn wie zwei stramm angezogene, stählerne Federn hochschnellen ließen, in die Höhe. Selbst in Anbetracht der geringen Schwerkraft auf Vesa wäre es für jemandem von einer erdähnlichen Welt ein unmögliches Unterfangen gewesen – aber Jules war ein DesPlainianer und darin geübt, seine körperlichen Fähigkeiten optimal einzusetzen. Jahrhundertelange, genetische Anpassung und lebenslanges, körperliches Konditionstraining zeigten sich in der Kraft seines Sprunges. Er schaffte ihn und sparte dabei sogar noch Energie.

Er faßte nach dem Haken wie nach einem Trapez. Sein Vorwärtsschwung versetzte den Haken in leichtes Pendeln. Indem er seinen Körper in die von ihm beabsichtigte Richtung schwang, vergrößerte er die Pendelbewegungen, obwohl der Haken sehr massiv war – weit massiver als jedes Trapez, mit dem er bisher gearbeitet hatte. Langsam, ganz langsam wurden die Pendelschwünge größer und größer und er sammelte Schwung für den bevorstehenden Absprung.

Unten am Boden hatte sich Rasks Fahrzeug dem jungen Radapur unaufhaltsam genähert. So langsam es war, so konnte es einen Menschen immer noch überholen. Radapur wandte eine Hinhaltetaktik an, indem er hohe Luftsprünge vollführte, um so der Maschine auszuweichen, aber der Erfolg dieser Taktik war gering, denn seine Rückkehr auf den Boden dauerte so lange, daß Rask Zeit hatte, sich auf den jeweiligen Landepunkt einzustellen. Es würde also nur mehr eine Sache von Sekunden sein, bis der offenbar irregewordene Fahrer seine Beute zerquetscht hatte.

Der Haken, an dem Jules hing, schwang jetzt so, wie er sollte. Genau im richtigen Augenblick des Abwärtsschwunges des Pendels ließ Jules los und sauste über den leeren Krater hinweg auf das Fahrzeug zu. Er mußte sein Ziel ganz genau anpeilen, da er sich nicht in einer Atmosphäre bewegte, die ihm gestatten würde, kleine Kurskorrekturen durch Änderung der Körperhaltung und Ausnutzung des Luftwiderstandes vorzunehmen.

Rask hatte inzwischen die Jagd auf Radapur satt. Er hatte angehalten, hatte sich erhoben und eine Schußwaffe aus dem Gürtel gezogen. Er gab ein paar Schüsse auf Radapur ab, die aber weit danebengingen. Die Art, wie Rask herumballerte und sein vorheriges wildes Herumkutschieren erweckten in Jules die Überzeugung, daß der Mann entweder betrunken oder wahnsinnig war.

Da Rask sein Fahrzeug zum Stehen gebracht hatte, wurden

Jules' Berechnungen ein wenig über den Haufen geworfen und er landete eine Spur zu weit vorne. Während er Rasks Kopf überflog, gelang es dem SOTE-Agenten, ihm mit dem rechten Bein einen Tritt zu versetzen und dem Mann damit die Waffe aus der Hand zu schlagen. Die Waffe trudelte durch die luftleere Atmosphäre und landete harmlos am Boden, etwa fünfzehn Meter entfernt.

Jules kam zwei Meter vor dem Schaufelgerät zu Boden und rollte sich ab, wobei er darauf bedacht war, den Aufprall mit den widerstandsfähigsten Teilen seines Anzuges aufzufangen – mit Handschuhen und Stiefeln. Er sprang auf, machte eine leichte Drehung und stand nun seinem Gegner gegenüber.

Das Geschrei ringsum war jetzt verstummt, und Jules konnte Rasks Worte hören. Der Mann brüllte, was die Lungen hergaben: ». . . allesamt Mörder! Du bist auch einer! Ihr alle habt Brownsend getötet!« Dann warf er sich Jules entgegen.

Der Zirkusartist trat beiseite und packte den vorbeifliegenden Körper. Indem er ihn mit einer Hand wie eine Stoffpuppe schüttelte, holte er mit der anderen aus und landete einen Faustschlag unter Rasks Brustkorb. Dem Mann unter dem Helm quollen die Augen aus dem Kopf, die Luft pfiff aus seinen Lungen und sein Körper erschlaffte. Sein Kampfgeist war wie weggeblasen.

Jules ließ Rask behutsam zu Boden gleiten und hockte sich rittlings über ihn. »Was ist in dich gefahren?« fragte er wütend. »Ich möchte eine Erklärung – aber rasch!«

Der Besiegte schnappte mehrmals wie ein an Land gezogener Fisch, ehe er sprechen konnte. Schließlich hatte er wieder genug Luft, um hervorzustoßen: »Die haben ihn umgelegt! Diese verdammten Chandies haben ihn auf dem Gewissen!«

»Wen denn?«

»Brownsend! Ich wollte ihn gestern in seinem Quartier aufsuchen. Keine Spur von ihm und seinen Sachen. Der Hausherr sagte, er hätte Nachricht hinterlassen, daß er weg wolle. Aber ich weiß es besser. Diese gottverdammten Chandies haben ihn ermordet und seine Sachen verschwinden lassen. Die konnten ihn nie ausstehen. Und ich werde sie alle töten – jeden einzelnen!« Rask wollte sich hochkämpfen, aber Jules preßte dem

Mann die Hände an den Seiten zusammen. Angestrengt überdachte er Rasks Worte.

Rasks Verdacht brachte eine erstaunliche Note in die Angelegenheit. Das, was er da eben beschrieben hatte, war der Modus operandi jener Bande, die Jules ausheben sollte. War es denn möglich, daß er aus reinem Zufall auf die Gauner gestoßen war?

Während er dies überdachte, mußte er sich sagen, daß zu einem Gesamtbild noch manches fehlte. Diese sieben Chandakhari arbeiteten hier in einer Acht-Stunden-Schicht. Angenommen, sie verbrachten weitere acht Stunden mit solchen Notwendigkeiten, wie Essen und Schlafen, so blieben ihnen nur acht Stunden, um Menschen – durchschnittlich fünfunddreißig pro Tag – um die Ecke zu bringen. Eine so auffällige Anzahl solcher Fälle konnte nicht einmal von den Touristen selbst, geschweige denn von der Polizei unbemerkt bleiben. Nein, die sieben hier beschäftigten Chandakhari konnten nicht die gesamte gesuchte Gruppe darstellen.

Andererseits verflüchtigten sich alle Zweifel, die er bezüglich ihrer Beteiligung an den Verbrechen gehegt hatte, sehr rasch. Er dachte an den Kampf, der vor zwei Tagen stattgefunden hatte, bei dem ihn ihr präzises Zusammenspiel so sehr beeindruckt hatte. Daß es sich um eine hervorragend gedrillte Truppe handelte, bezweifelte er nicht mehr. Trotz seiner Geschicklichkeit hätten sie ihn beinahe getötet. Dies waren keine harmlosen Bauern und Dockarbeiter – ganz und gar nicht.

Jules war so in seine Gedanken vertieft, daß Rask ihn überraschend überwältigen konnte. Mit einem Kraftaufwand, den nur ein Irrer aufbringen konnte, versetzte er Jules einen gewaltigen Stoß, der ihn aus dem Gleichgewicht brachte. Rask rappelte sich auf und lief auf seine Schußwaffe zu. Der SOTE-Agent hatte rasch sein Gleichgewicht erlangt und lief ihm nach – jedoch zu spät, um die Tragödie zu verhindern, die sich zusammenbraute.

Die Chandakhari hatten nämlich inzwischen eine Formation gebildet, die sich zwischen Rask und dessen Waffe postiert hatte. Rask kam wie ein Irrer auf sie zu und schwenkte die Arme wie Dreschflegel. Sie ließen den Angreifer auf sich zukommen, packten ihn an den vier Gliedmaßen und beraubten ihn jeglicher Bewegungsmöglichkeit, indem sie ihm Arme und Beine an den Leib preßten. Dann hoben sie den sich verzweifelt Wehrenden hoch und liefen mit ihm zum Schaufelgerät. Mit kalter Brutalität rammten sie ihn gewaltsam in die Maschine.

Rask heulte auf. Es war ein Schrei, der geschmolzenes Blei zum Erstarren gebracht hätte, als aus seinem Raumanzug ein großes Stück herausgerissen wurde. Jules hielt sich unwillkürlich die Ohren, obwohl sein Kopf fest im Helm steckte. Der Schrei des Sterbenden bohrte sich wie ein Pfeil in Jules' Hirn. Rasks Schrei verstummte und machte einem Geräusch Platz – ein saugendes Geräusch, als die Luft aus Rasks Anzug pfiff. Dann nichts als Schweigen.

Als Jules zu der Gruppe kam, ließen die Chandakhari Rasks leblosen Körper langsam zu Boden. Jules sah reihum in die Gesichter hinter den Helmscheiben – bei keinem einzigen konnte er auch nur die Andeutung eines Bedauerns erkennen.

VI

Das Laster auf Vesa

Beim Anlegen der »Kaiserin Irene« auf Vesa war Yvette mit Packen und der Überwachung ihres Gepäcks beim Ausladen viel zu beschäftigt, um nach Dak Lehman Ausschau zu halten. In jener Nacht hatte sie nicht viel Schlaf gefunden, da ihre Gedanken zu intensiv mit dem Überfall in ihrer Suite beschäftigt waren. Sie hatte absolut zu keiner Lösung des Geheimnisses um die drei Männer kommen können, die ihr aufgelauert hatten. Es bestand immerhin die Möglichkeit, daß es sich bei ihnen um einen Spähtrupp der Mörderbande handelte, die aufzuspüren, Yvette beauftragt war. Vielleicht sollten sie die Opfer schon aussuchen, noch ehe diese einen Fuß auf Vesa setzten. Falls dies zutraf, dann war diese Organisation noch umfassender, als man zunächst angenommen hatte, und verfügte über galaxienweite Verbindungen. Solche Späher würden vielleicht versuchen, alle zu verscheuchen, die sich mit dem Opfer einließen, da jede zusätzliche Person eine Komplikation der Pläne darstellte – wie jeder, der vielleicht Krach schlagen und die Polizei rufen würde, falls das Opfer dann schließlich verschwand.

Diese Lösung war zwar weit hergeholt, aber möglich. Trotzdem fragte sich Yvette, ob dies alles logisch wäre. Schließlich brachte das Ausschicken von Spähtrupps enorme Unkosten mit sich und lohnte sich kaum. Es kamen ohnedies so viele Reiche auf Vesa an, daß es vernünftiger schien, sich die potentiellen Opfer auszusuchen, wenn sie bereits den Mond betreten hatten.

Wahrscheinlicher erschien es Yvette, daß sie zufällig mitten in eine Situation gestolpert war, die vom Problem Vesa unabhängig war. Diese drei Dunkelmänner hatten sich für sie persönlich überhaupt nicht interessiert, sondern nur für die Tatsache, daß sie mit Dak Lehman in Verbindung stand. Die Verfolgung hatte erst begonnen, als sie sich regelmäßig mit Dak verabredet hatte, und auch da waren die drei erst aktiv geworden, als die Verbindung Ergebnisse zu zeitigen begann. Und in Anbetracht all dessen, war die ausgesprochene Warnung ausnehmend milde ausgefallen. Yvette wußte, daß man sie ebensogut hätte aus dem Weg schaffen können. Und das hatte man ihr auch zu verstehen gegeben.

Einen guten Teil der Nacht verbrachte sie mit der Überlegung, wie sie auf diese Warnung reagieren sollte. Ihr Stolz als d'Alembert war verletzt worden, und diese Sippe war als besonders halsstarrig bekannt. Ihr gefiel es nicht, wenn man ihr mit Drohungen kam, und es sollte keinesfalls den Anschein haben, als wolle sie klein beigeben. Yvette verachtete von Herzen Frauen mit schwach ausgeprägtem Willen, die so taten, als hingen sie von der Gnade großer, starker Männer ab. Sie lebte den Beweis für die Gleichheit der Geschlechter vor und haßte jegliche Unterordnung.

Dak steckte offensichtlich in irgendwelchen Schwierigkeiten. Ansonsten wäre er nicht von drei ausgebildeten Spähern beschattet worden. Dak selbst schien etwas zu wissen. Yvette entsann sich, wie er wiederholte Male etwas hatte sagen wollen und wie ihn im letzten Moment der Mut verließ. Was wohl der schwache Punkt an diesem scheinbar idealen Mann war? Er gefiel ihr sehr gut, mit jedem Tag sogar besser. Daher konnte sie nicht einfach zusehen, wie er in Gefahr schwebte, ohne etwas zu seiner Rettung zu unternehmen.

Doch hatte sie schließlich einen Auftrag auszuführen. Daks Problem war höchstwahrscheinlich von dem ihren unabhängig – und wenn dies zutraf, wäre es von ihr höchst unklug, sich hinein verwickeln zu lassen. Ein Zweifrontenkrieg war, wenn möglich, zu vermeiden.

Schließlich entschloß sie sich zum Abwarten. Sie wollte sich Dak und seinen Problemen nicht aufdrängen, aber wenn er von selbst damit zu ihr käme, wollte sie nicht ausweichen. Die Familie d'Alembert scheute niemals vor Verantwortung zurück.

Nach den üblichen hektischen Prozeduren des Von-Bord-Gehens und einer kurzen Wartezeit beim Zoll, ließ Yvette ihr Gepäck ins Hotel Regulus schicken, wo sie im voraus ihre Zimmer gebucht hatte. Das Regulus war eines von Hunderten eleganter Hotels auf Vesa, die sich auf reiche Touristen spezialisierten, die dieses Spielerparadies besuchten. Und in diesen Hotels wußte man sehr wohl, wie man Gäste gut behandelte – besonders so reiche wie Carmen Velasquez. Nachdem sie etliche Hände mit Zehn-Credits-Scheinen verwöhnt hatte, wurde sie in ihre Suite im zwölften Stock befördert. Als sie sich in ihrer Zimmerflucht umsah – Wohnraum, Schlafzimmer mit übergroßem Bett und ein geräumiges Bad –, spürte sie den Anflug von Enttäuschung. Die Reise auf einem Luxusliner wie der »Kaiserin Irene« hat mich richtig verdorben, schalt sie sich.

Sie war ja hier, um zu arbeiten und nicht, um im Luxus zu schwelgen, und es war höchste Zeit, daß sie sich an die Arbeit machte. Die Fahrt hatte schon mehr als genug Zeit verschlungen. Womöglich hatte ihr Bruder den Fall inzwischen bereits gelöst.

Als erstes rief sie in der Rezeption an und ließ sich eine Zeitungsrolle bringen. Das Gewünschte wurde ihr gebracht, während sie noch beim Auspacken war. Sie setzte sich hin und las die Zeitung durch. Begierig überflog sie die Anzeigenspalten, aber sie fand nichts. Wenn Jules mit ihr Kontakt hätte aufnehmen wollen, hätte er ein mit »Frenchie« unterzeichnetes Inserat einrücken lassen. Da sie ein solches nicht entdecken konnte, bedeutete es, daß er noch keine nennenswerten Fortschritte gemacht hatte oder nicht in der Lage war, Anzeigen aufzugeben. Diesen Gedanken schob sie sofort beiseite. Jules konnte sehr wohl auf sich selbst achtgeben.

Sobald sie mit dem Auspacken fertig war, entschloß sich Yvette, bei einem Spaziergang ein wenig an den Vergnügungen zu schnuppern, die Vesa zu bieten hatte. Aus einem Stapel Prospekte, die sie mitgebracht hatte, entnahm sie die Namen der nobleren Kasinos in der Nähe ihres Hotels. Sie wählte drei davon aus. Dann zog sie sich für ihr Debüt in der vesanischen Gesellschaft um.

Grundbestandteil ihrer Aufmachung war ein Hosenanzug aus gemustertem Brokat in Tiefrosa und Gold. Die Beine steckten in Goldstiefeln. Um ihre Mitte schlang sich ein Gürtel aus perlenbesetzten goldenen Vierecken, an dem ein rotes Samttäschchen hing. Der hohe Kragen ihres Anzuges war ebenfalls mit Perlen reich verziert. Das dunkelbraune Haar trug sie hochgekämmt und von einem perlenbesetzten roten Samtband gekrönt.

Über dem Hosenanzug wallte ein rubinroter Samtmantel mit geschlitzten Ärmeln, deren Enden bis zum Boden reichten, und mit einem hohen Stehkragen, der die Ohren berührte. Dieser Mantel wurde am Hals mit einer riesigen Goldspange festgehalten, in deren Mitte ein faustgroßer Rubin schimmerte. Eine Goldkette mit passenden Perlen in Walnußgröße schlang sich lose um den Hals.

Yvette betrachtete sich im Spiegel sehr kritisch. Die Aufmachung schreit den Reichtum geradezu heraus, sagte sie sich. Reich, aber geschmackvoll. Schließlich war sie fertig und verließ ihre Suite, um sich den Widrigkeiten Vesas zu stellen.

Sie brauchte nicht lange, um festzustellen, daß Vesa ein höchst merkwürdiger Ort war. Natürlich hatte sie gewußt, daß alles Leben auf diesem Mond sich in unterirdischen, aus dem blanken Fels gehauenen Kavernen abspielte. Aber diese Tatsache zu wissen, oder sie tatsächlich am eigenen Leibe zu erfahren, waren zwei verschiedene Dinge. Die Tatsache des unterirdischen Lebens konnte man verwinden, solange man im Inneren eines Gebäudes war, denn die Menschen sind nun einmal gewöhnt, über sich eine Decke zu haben.

Ungewöhnlicher war es schon, ein Dach über dem Kopf zu haben, wenn man »im Freien« war. Die breiten Korridore mit ihrem dichten Verkehr glichen den Straßen jeder zivilisierten Welt der Galaxis, bis auf die Tatsache, daß sie von einer soliden Steindecke überdacht waren. An den wichtigen Kreuzungen, an denen die Decke sich zu einer Kuppel von fünfzehn oder zwanzig Meter Höhe über dem Boden erhob, war es nicht so schlimm, aber in den Tunnels, welche die Hauptkavernen miteinander verbanden, senkte sich die Decke stellenweise auf weniger als einen Meter über die Fahrzeuge, welche die Straßen befuhren. Diese Situation war dazu angetan, selbst beim Beherztesten Klaustrophobie zu erzeugen, und Yvette mußte die Erfahrung machen, daß sie in den ersten Tagen stark gegen die Angst ankämpfen mußte, die Decke könne ihr jeden Moment auf den Kopf fallen.

Dazu kam die Tatsache, daß Vesa ein Labyrinth darstellte, das selbst die vorzüglichsten analytischen Köpfe hinters Licht führen konnte. Ein Labyrinth von Tunnels, von denen einige kilometerweit verliefen, verband eine Reihe von großen und kleinen Kavernen, die scheinbar aufs Geratewohl nach einem Schema angelegt waren, das nur von den lange Ansässigen durchschaut wurde. Yvette verlor die Orientierung in dem Augenblick, als sie in einem der allgegenwärtigen Jits, die als Massentransportmittel dienten, von ihrem Hotel wegfuhr. Der Fahrer hatte von dem Kasino, das sie besuchen wollte, noch nie etwas gehört, deswegen setzte er sie vor einem anderen ab. »Die sind ohnehin alle ähnlich«, lautete sein philosophischer Kommentar. »Sie können Ihr Geld in dem einen ebensoschnell loswerden wie im anderen.« Das ursprünglich gesuchte Etablissement sollte sie niemals finden.

Nach zwei Tagen des Umherstreifens kam sie zu dem Schluß, daß der Fahrer Unrecht hatte. Gewiß, für den oberflächlichen

Beobachter sahen alle Kasinos gleich aus – grelle Räume voll greller Menschen, helle Lichter aus allen Richtungen, laute Musik, die durch die Atmosphäre gepumpt wurde, vermischt mit dem aufdringlichen Rufen von Ausrufern, welche die Spieler in diese oder jene weniger belebte Ecke locken wollten. Der Geruch von Räucherkerzen, Drogen, Zigaretten und tausenderlei individueller Parfums attackierte die Geruchsnerven. Mehrere Male wurde Yvette von Heimweh übermannt, denn der Duft glich jenem der Hauptstraße auf dem Rummelplatz ihres geliebten Zirkus, obwohl diese Budenstraße viel weniger hektisch und viel harmloser war.

Der aufmerksamere Beobachter jedoch konnte geringfügige Unterschiede zwischen den verschiedenen Spieletablissements feststellen. Einige waren billiger und sprachen vor allem Touristen mit kleinerem Budget an, während andere superschick waren und ihre Exklusivität geradezu hinausschrien. Es gab Kasinos, die eher das Reservat älterer Ehepaare waren, während andere sich entschieden als Vergnügungsstätten junger Leute auswiesen, die allein kamen und sich amüsieren wollten. Einige Kasinos waren ordinär und aufdringlich, während andere – für Vesa – fast reserviert und gesetzt wirkten. Jedes Kasino hatte eine eigene typische Atmosphäre und einen eigenen Besuchertyp. Doch gleichgültig, wohin sie ging, von den elegantesten Klubs bis zu den miesesten Höhlen, es war überall gedrängt voll. Hunderte, ja Tausende Menschen drängten sich an Orten, die schon mit der Hälfte überfüllt gewesen wären. Das Spielfieber war eine geradezu greifbare Erscheinung, ein Wahn, der hier jeden ansteckte. Es schien, als wollten die Menschen, die viel Geld aufgewendet hatten, um hierherzukommen, jetzt auch noch schleunigst den Rest loswerden. Manche der fanatischsten Spieler konnten es einen Tag oder sogar mehr ohne Essen und Schlafen aushalten.

Die Größe ihres Problems kam Yvette allmählich zu Bewußtsein. In dieser gesichtslosen Masse menschlicher Leiber konnten fünfunddreißig Menschen pro Tag leicht verschwinden, ohne daß jemand Notiz davon nahm. Sie wurden, so rasch sie verschwanden, von ebenso gesichtslosen Leibern ersetzt, die das gleiche Schicksal erwartete. Yvette hatte einige Zeit auf der Erde verbracht – einem der am dichtesten bevölkerten Planeten des Imperiums – und war der Meinung, sie wüßte, was Gedrängtsein heißt, aber gegenüber dem hier sah der Mutterplanet der Menschheit weit und leer aus. Die Wirkung dieser wogenden Massen bestand in einer Entmenschlichung aller Beteiligten – ein Ergebnis, das bei Yvette tiefe Depressionen hervorrief, trotz des augenfälligen Glanzes dieses Planeten.

Nach zwei Tagen Lokalaugenschein konnte sie ein Schema ausarbeiten. Indem sie sich an der Persönlichkeit der Carmen Velasquez orientierte, engte sie ihr Revier auf eine Handvoll Kasinos ein, die von den Reichen jüngerer Jahrgänge bevorzugt wurden. Hier lag das Durchschnittsalter der Spieler unter vierzig. Die Kleidung war schick und im Einklang mit der neuesten Mode aus allen Sektoren des Imperiums. Drogenstengel waren hier häufiger als Zigaretten oder Alkohol, galten aber nicht als Muß. Die Unterhaltung war ein wenig lauter, die Gespräche intensiver, das Gelächter spontaner und natürlicher.

An diesen Orten trafen immer wieder dieselben Leute zusammen, und nach einigen Tagen regelmäßigen Besuches kannte Yvette die Stammkunden vom Sehen, einige sogar beim Namen. Sie begann beiläufig Gespräche und sorgte dafür, daß ihre Geschichte die Runde machte. Unmöglich festzustellen, wer hier ein Agent der Verschwörung sein konnte, deswegen unterhielt sich Yvette bereitwillig mit jedem, der auch nur das leiseste Interesse an ihr verriet.

Ihre Spielgewohnheiten waren unkompliziert – sie hielt sich an Kartenspiele. Ihr Vater und ihr Onkel waren wahre Meister dieses Fachs, und sie hatte manche Partie zu später Stunde nach der letzten Vorstellung miterlebt und sich deren Geschicklichkeit samt allen ihren Tricks angeeignet. Sie kannte natürlich alle Finessen des Falschspiels, ließ sich aber nicht dazu hinreißen. Die Spieler waren zu gewitzt und Carmen Velasquez schließlich keine Berufsspielerin. Aber sie schaffte es dennoch, gewisse Vorteile auszunutzen und gewann unter ihren neuen Freunden rasch den Ruf eines Kartenteufels.

»Wo haben Sie so phantastisch spielen gelernt?« fragte einer der Partner, nachdem sie zwei Wochen später eines Nachmittags seine Taschen geleert hatte.

»Sicher nicht auf Purity«, sagte ein anderer, dem es geglückt war, wenigstens ein paar Spielmarken zu behalten.

Yvette gestattete sich ein schüchternes Erröten. »Nachdem mein seliger Mann und ich zu Vermögen gekommen und aus Purity ausgewiesen worden waren, weil wir uns zuviel mit vergänglichen, statt mit geistigen Dingen befaßten, beschlossen wir, uns den angenehmeren Lastern hinzugeben. Das Spiel war Carlos' spezielle Leidenschaft, und er bestand darauf, daß ich mit ihm Karten spielte. Leider war ich immer besser als er, und er war wütend, wenn ich gewann. Einmal schwor er dem Kartenspiel für drei Wochen ab, so wütend war er. Mir war es einerlei, was ihn noch mehr aufbrachte. Ich glaube . . .«

»Carmen!« Der Ruf einer vertrauten Stimme klang durch den Raum, und Yvette sah mit gemischten Gefühlen auf. Kartenpartien fanden meist in Seitenzimmern der großen Spielhalle statt. Diese Räume waren kleiner und weniger bevölkert, da die meisten Touristen ihr Geld lieber rasch und unpersönlich an den Automaten und Spieltischen verloren. Karten waren ein verhältnismäßig langsames und mehr Überlegung forderndes Spiel und sprachen nur eine Minderheit der Menschenscharen an. Obwohl man die rauchgeschwängerte Luft schneiden konnte, sah sie, wie Dak Lehman sich durch die Leibermassen einen Weg zu ihr bahnte. Er muß mich vom Eingang her gesehen haben, überlegte sie. Seine Miene war ein Gemisch aus Freude und Besorgnis.

»Ich dachte schon, ich würde dich nie wiederfinden«, sagte er, als er endlich neben ihr stand. »Überall suchte ich dich und gab schon die Hoffnung auf. Es war, als hätte dich Vesa glatt verschluckt.«

Yvette warf ihm einen überraschten Blick zu. Weiß er etwas vom Verschwinden von Urlaubsgästen auf Vesa? fragte sie sich und studierte seine Miene heimlich. Aber nein, sie konnte nichts Bedrohliches oder Geheimnisvolles darin lesen. Offenbar war es eine zufällige Bemerkung, die in ihren Ohren bedeutungsvoller klang als in seinen. Sie faßte sich und sagte beiläufig: »Hier auf diesem unglaublichen Planeten verliert man sich so leicht. Es tut mir leid, daß ich dir Mühe gemacht habe.«

»Ach was, Hauptsache, ich habe dich endlich gefunden«, erwiderte Dak ernst. Mit einem Blick auf die an Yvettes Tisch versammelte Runde sagte er leiser: »Können wir uns irgendwo ungestört unterhalten?«

»Ich glaube, auf diesem ganzen Mond gibt es kein ruhiges Plätzchen«, sagte Yvette. Sie stand auf und strich mit einer einzigen selbstbewußten Bewegung ihren gesamten Gewinn ein. »Hier ist es überall so voll, daß ich mir fast selbstsüchtig vorkomme, wenn ich allein dusche. Aber wenn wir hier im Kasino ein paar Runden machen, wird keiner mithören, was wir reden.«

Dak nahm ihren Arm und geleitete sie hinaus in die Haupträumlichkeiten. Der Lärm war hier so groß, daß sie einander praktisch in die Ohren schreien mußten, um sich verständlich zu machen, aber Yvette behielt recht – am ungestörtesten war man inmitten einer lärmenden, gleichgültigen Menschenmenge.

»Letztes Mal hast du mich mit einer unbeantworteten Frage zurückgelassen«, sagte er. »Du wolltest dir die Sache überlegen – das liegt jetzt mehrere Wochen zurück. Bist du zu einem Ergebnis gekommen?«

Yvette wich seinem Blick aus und stieß einen Seufzer aus. »Ich möchte nicht, daß du glaubst, ich hätte dich in dieser Zeit gemieden, denn das trifft nicht zu. Ich hatte nur keine Zeit, mich aktiv auf die Suche nach dir zu machen.«

»Das sind Ausflüchte, keine Antwort.«

»Ich weiß. Leider kann ich dir die Antwort nicht geben, die du möchtest. Dak, ich halte dich für einen sehr anziehenden Mann, und es gab ungezählte Momente, da mußte ich mich aus meinen Tagträumen wachrütteln, in denen ich mir vorstellte, wie es wohl an deiner Seite wäre. Aber ich konnte mich nicht dazu durchringen, daß es gutgehen würde. Wenn man sämtliche romantischen Klischeevorstellungen darüber, daß Liebe alles überwindet, beiseite schiebt, bleiben doch zu viele Hindernisse übrig.«

Sie erklärte ihm die physischen Probleme, die in ihrer verschiedenen Herkunft begründet waren, Probleme, die dazu führen würden, daß entweder er zum Krüppel, oder sie zur Ausgestoßenen werden würde. Natürlich konnte sie ihm nicht reinen Wein über ihre Familie und ihren Beruf einschenken. Statt dessen redete sie sich auf ihre Liebe zu dem verstorbenen Carlos heraus. Sie bringe es nicht über sich, ihn so kurz nach seinem Tod zu »betrügen«.

Daks Miene verfinsterte sich, während er sie anhörte, doch er unterbrach sie nicht ein einziges Mal. Sie versuchte ihm die Sache zu versüßen. »Ich liebe dich, ehrlich. Der Abschiedskuß am letzten Abend bewirkte, daß ich wie auf Wolken ging, sogar bei nur einer Schwerkrafteinheit. Das sage ich nicht nur, damit du dich besser fühlst, ich meine es ehrlich. Aber aus all den genannten Gründen, plus ein paar zusätzlichen persönlichen, glaube ich nicht, daß unserer Verbindung Dauer beschieden wäre. Es ist besser, wir brechen unsere Beziehung jetzt ab, ehe wir die Herrschaft über unsere Gefühle total verlieren.«

Dak grollte, sein Blick ließ erkennen, wie ihm zumute war. Er war es sichtlich nicht gewohnt, sich mit Ablehnungen zufriedenzugeben, wenn er etwas haben wollte. »Carmen, ich liebe dich noch immer«, sagte er ruhig. »Die Trennung in den letzten Wochen hat meine Sehnsucht nur vergrößert. Du sagst, daß auch du mich liebst. Deine Einwände gegen eine Ehe sind nicht stichhaltig. Wir können alle Probleme überwinden, wenn wir nur wollen. Wir sind beide reich, wir können zwischen den Welten mit ihren verschiedenen Gravitationsstärken pendeln. Ich kann mir Apparate verschaffen, die mir helfen, deiner stärkeren Schwerkraft Widerstand zu leisten. Ich . . .«

Mit jedem Satz hatte sich seine Lautstärke gesteigert, bis er in einen fast hysterischen Ton verfallen war. Sie hob die Hand, um ihn zum Schweigen zu bringen. »Dak, bitte, das führt doch zu nichts.«

Er hielt inne, hielt den Atem an und fuhr sodann in gemäßigterem Ton fort. »Sieh mal, ich bin heute zu einer wirklich tollen Party eingeladen. Gastgeber ist ein hohes Tier hier auf Vesa, ein gewisser Garst. Warum kommst du nicht mit, damit wir uns noch weiter darüber unterhalten können? Ich würde mich über deine Begleitung sehr freuen und . . .«

»Ich glaube, du verstehst mich nicht. Es würde mit uns nicht klappen, da nützt alles Reden nichts. Nein, ich komme heute nicht mit. Es hätte keinen Sinn.«

Plötzlich war sein Zorn wie weggeblasen, und er sah aus wie ein verängstigter kleiner Junge. »Bitte, es darf nicht für immer Schluß sein«, bettelte er. Seine Augen schimmerten feucht. »Carmen, das halte ich nicht aus. Du bedeutest mir zuviel. Bitte – wenn du schon heute nicht mit auf die Party willst, dann könnten wir uns zumindest morgen treffen und zusammen ein paar Kasinos abklappern.«

Das klang so verzweifelt, daß Yvette nachgeben mußte. Sie liebte ihn, und es traf sie im Innersten, daß er so litt. »Gut«, sagte sie leise, »wir treffen uns morgen – aber nur kurz. Ich habe einiges zu erledigen, wie du weißt. Wo und wann sollen wir uns treffen?«

»Hier, sagen wir um elf Uhr.« Daks Miene hatte sich bei ihrer plötzlichen Kapitulation sichtlich erhellt.

»Schön«, nickte Yvette. »Aber jetzt muß ich weg. Erledigungen!« Sie stellte sich auf die Zehenspitzen, um ihm einen leichten Abschiedskuß zu geben. Doch plötzlich schlang er die Arme um sie und der Kuß wurde leidenschaftlicher, als sie geplant hatte.

Als sie sich schließlich trennten, war sie ein wenig unsicher auf den Beinen. »Also, bis morgen«, sagte sie und wandte sich zum Gehen.

»Komm ja nicht zu spät«, rief er ihr nach. Und dann fügte er noch hinzu: »Falls du mich anrufen willst – ich wohne im Soyuz-Hotel.«

Yvette hörte das kaum mehr, da ihre wachen Sinne im Augenblick anderweitig beschäftigt waren. Sie hatte wieder eine Fährte aufgenommen – Murgatroyd. Offensichtlich hatte sogar dieses zufällige Zusammentreffen mit Dak die Neugier des Trios geweckt, das sich so besorgt um Gospodin Lehmans Wohlergehen zeigte.

Yvette ging nicht, wie ursprünglich beabsichtigt, direkt ins Hotel zurück. Sie hatte keine Ahnung, ob das Trio, das ihr aufgelauert hatte, wußte, daß sie auf Vesa war – und wenn sie es nicht wußten, dann wollte sie sie nicht unnötig darauf aufmerksam machen. Sie gab sich große Mühe, ihre Spur zu verwischen und durchwanderte die Spielsäle der drei bevölkertsten Kasinos, die sie kannte, wechselte etliche Male die Jits auf ihrer Fahrt durchs Vergnügungsviertel und versteckte sich über eine Stunde lang in einer Damentoilette, ehe sie, den Mantel über dem Arm – was ihr ein ganz verändertes Aussehen verlieh – wieder auftauchte. Keine Spur von Murgatroyd, also brauchte sie nicht die ganze Nacht auf dem Mond herumzuirren. Sie nahm das Risiko auf sich und ging in ihr Hotel.

Auf ihrem Zimmer angekommen, verriegelte sie die Tür und setzte sich in einen Stuhl der Tür gegenüber, für den Fall, daß die drei Schatten wieder einen Angriff unternehmen wollten. So hielt sie sich bis in den frühen Morgen wach.

VII

Versammlung im Lagerhaus

Während er die Männer von Chandakha anstarrte, wurde Jules klar, daß er die einzige Person in der Mannschaft war, die Zeuge ihres vorsätzlichen Mordes an Rask war. Alle anderen kamen von der anderen Seite des Raumflughafens her, und die Schaufelmaschine hatte zwischen ihnen und den Chandakhari gestanden. Wenn die Gruppe, angeführt von Fizcono, auf der Szene auftauchte, würden sie nur den Leichnam ihres ehemaligen Kollegen zu Füßen der Chandakhari sehen.

Jules überlegte schnell. Er war also der einzige, der wußte, daß die Chandakhari Rask mit Vorbedacht getötet hatten. Aber falls denen dämmerte, daß er es wußte, würde er vielleicht ihr nächstes Opfer werden. Alles in allem entschloß er sich, den Unwissenden zu mimen. Sie mußten zwar wissen, daß er es gesehen hatte, und indem er vorgab, keine Ahnung zu haben, regten sich in ihnen vielleicht Zweifel.

Daher sagte er im Augenblick, als Fizcono mit den anderen um die Ecke bog: »Was ist mit ihm passiert?«

Forakhi, der inoffizielle Anführer der Chandakhari, sah Jules starr an, als versuche er, die Gedanken des SOTE-Agenten zu lesen. »Wir wollten ihn festhalten, aber er war wie ein Wahnsinniger«, sagte er langsam. »Wir stellten ihn mit dem Rücken zur Schaufelmaschine, aber er wollte los und zerriß sich den Anzug am Gerät.« Er forderte Jules zum Widerspruch heraus, aber dieser sagte kein Wort.

Fizcono kniete neben Rask nieder und vergewisserte sich, daß der Mann tot war. »Wieder Formulare ausfüllen!« knurrte er wütend. Er stand auf und sah die Chandakhari an. »Ich nehme an, ihr habt das unter den Umständen Bestmögliche getan. Natürlich werdet ihr schriftlich eine Darstellung des Vorfalls abgeben müssen. Die Versicherungsgesellschaften sind da meist recht pingelig.«

Sodann wandte er sich ausdrücklich an Jules. »Gut gemacht, duChamps. Kann mich nicht erinnern, daß ich jemals einen Menschen sah, der sich so schnell und gezielt bewegen konnte. Wo haben Sie das gelernt?«

»Ich war schon auf der Schule in der Turnmannschaft«, log Jules aalglatt. »Seither hielt ich mich immer in Form.«

Fizcono akzeptierte diese Version mit einem Brummen und ordnete an, Rasks Leiche solle auf die Krankenstation gebracht werden. Alle anderen sollten wieder an die Arbeit gehen, obwohl nicht einmal er glaubte, daß heute noch viel geschafft würde – nicht, nachdem der Arbeitstag nun einmal so unglücklich begonnen hatte. Aber sie wurden für ihren Job bezahlt und er hatte die Verantwortung, daß sie ihre Arbeit machten. Er fand sich damit ab, daß seine Kolonne mit der Arbeit noch mehr in Rückstand geriet, als sie es bereits war, und folgte Rasks Leichnam, um sich den Fragen zu stellen, die die Firmenleitung an ihn richten würde.

Es wunderte niemanden, daß die Arbeit an diesem Tag sehr nachlässig erledigt wurde. Es wurde weniger als die Hälfte dessen verladen, was sie in ein startendes Frachtschiff hätten hineinschaffen müssen, sehr zum Mißfallen des Kapitäns, der sie über Funk ankläffte, daß sie bummelten und er an seinen Fahrplan gebunden wäre. Die Leute ignorierten seine Beschimpfungen und machten weiter, noch immer wie betäubt von dem Vorgefallenen.

Jedesmal, wenn Jules zufällig von der Arbeit aufsah, bemerkte er, daß einer der Chandakhari – meist Radapur oder Forakhi – ihn anstarrten, als wollten sie dahinterkommen, welches Spiel er spielte. Jules tat so, als hätte er nichts bemerkt und machte mit seiner Arbeit weiter. . .

Als die Schicht schließlich vorüber war und alle sich umkleideten, war Jules höchst erstaunt, als Radapur, der junge Chandakhari, tatsächlich zu ihm kam und ihn ansprach. »Du hast mir da draußen das Leben gerettet«, sagte der Junge. «Rask wollte mich töten und du hast als einziger schnell reagiert und konntest ihn aufhalten.«

»Jemand mußte es tun«, sagte Jules mit einem Achselzucken. Offen zur Schau getragene Dankbarkeit machte ihn verlegen. Hoffentlich kam Radapur bald zu einem Ende.

»Trotzdem – du hast es geschafft.« Der Junge streckte die Hand aus, und Jules drückte sie kräftig. »Das werde ich nie vergessen«, sagte der Junge. »Vielleicht ergibt sich eines Tages die Möglichkeit zu einer Revanche.«

Jules wollte schon antworten, daß dies nicht nötig wäre und daß er seine Hilfe als selbstverständlich ansähe, aber diese Chance hatte er nicht mehr. Forakhi rief Radapur mit einem Pfiff und einem scharfen Blick zurück zur Gruppe. Er flüsterte dem Jungen ein paar geharnischte Worte ins Ohr. Wahrscheinlich eine Ermahnung, sich mit niemandem außerhalb der Clique in Gespräche einzulassen. Der Junge warf Jules einen letzten Blick zu und reihte sich wieder unter die Seinen ein.

Alle an dem Vorfall Beteiligten mußten länger dableiben, damit man ihre Versionen der Geschichte auf Tonband aufnehmen und an das Personalbüro weiterleiten konnte. Forakhi und seine Gruppe nahmen diese Verzögerung sehr ungeduldig auf, als hielte man sie von einer dringenden Verabredung ab. Schließlich war aber alles erledigt und sie konnten gehen. Doch statt in sein Quartier zu gehen, entschloß sich Jules, den Chandakhari heimlich zu folgen.

Sie verließen das Gebäude geschlossen als Gruppe und winkten eines der herumrasenden Jits heran. Jules verwünschte das dem Zufall unterworfene Verkehrssystem auf Vesa. Er wollte sich nicht so leicht sein Jagdobjekt entwischen lassen. Zum Glück erwischte er ein Jit gleich hinter dem ihren, und indem er die Ausrede benutzte, er und seine Freunde wären getrennt worden und er wüßte die Adresse ihres Zieles nicht, konnte er den Fahrer dazu bringen, dem anderen Jit zu folgen. Das beachtliche Trinkgeld, das er ihm gab, schadete natürlich auch nicht.

Sie fuhren durch ein Wirrwarr von Tunnels und wechselten die Richtung so häufig, daß Jules es mit der Angst zu tun bekam, die anderen hätten gemerkt, daß sie verfolgt wurden. Doch machten sie keinen Versuch, ihn bei scharfen Kehren abzuschütteln oder davonzufahren, deswegen beruhigte er sich wieder und sagte sich, daß sie eben bei ihrer Route zu ihrem Ziel besondere Vorsicht walten ließen.

Schließlich hielt der andere Jit an, und die Chandakhari stiegen aus. Jules' Fahrer hatte sich so dicht hinter ihnen gehalten, daß er fast gleichzeitig ankam und Jules sich beim Aussteigen unauffällig Zeit lassen mußte, damit ihn die von ihm Verfolgten nicht erspähten.

Tatsächlich lag das Ziel trotz der langen und komplizierten Route an einem Ort, der von ihrem Ausgangspunkt nicht weit entfernt war. Sie befanden sich in dem Lagerhaus-Viertel, in dem die aus den einlaufenden Schiffen ausgeladenen Güter gelagert wurden, ehe sie an ihre Bestimmungsorte verschickt wurden. Jules stieg aus seinem Jit, als die Gruppe, der er auf den Fersen war, den Haupteingang zu einer der Lagerhallen betrat.

Jules sah sich hurtig nach einem anderen Eingang um. Er durfte nicht den gleichen benutzen wie die Chandakhari, oder sie würden ihn sofort bemerken. Seine scharfen Augen entdeckten bald das Gesuchte – einen Frachtenaufzug neben dem Gebäude. Die Bauten auf Vesa waren mehr in die Tiefe als in die Höhe gebaut, der größeren Stabilität im Felsenuntergrund wegen. Jules wollte den Lift selbst nicht in Gang setzen, denn die Geräusche hätten die Gruppe aufmerksam machen können. Doch war der Schacht mit einer Reihe von Haltegriffen entlang der ganzen Länge versehen, damit die Wartungsmannschaften darin auch hochklettern konnten. Jules stieg diese Leiter hoch, bis er eine kleine Tür in einer Wand erreichte. Die Tür war versperrt, und er mußte zwei Minuten auf einem schmalen Sims stehend, mit den verschiedenen Schlüsseln herumexperimentieren, die er immer bei sich trug. Endlich ließ sich die Tür öffnen.

Er befand sich im dritten Stock des Lagerhauses. Der große Raum war spärlich erleuchtet. Hier standen Reihe an Reihe die großen luftdichten Container, die er mittlerweile sehr gut kannte. Offenbar wurden hier Waren gelagert, die noch nicht ausgepackt waren.

Jules spitzte die Ohren, konnte aber keine Geräusche ausmachen. Indem er sich mit einer Geräuschlosigkeit fortbewegte, die eine Katze vor Neid hätte erblassen lassen, betrat er die Lagerhalle und benutzte die großen Container als Deckung, während er die Gänge in seinem Stockwerk absuchte. Hier war niemand.

Jetzt mußte er sich entscheiden. Sollte er in den zwei oberen Stockwerken weitersuchen, oder sollte er hinuntergehen? Er entschloß sich für unten. Eine Verschwörergruppe würde sich so weit wie möglich vom Eingang entfernt treffen, damit sie von zufällig Vorbeigehenden nicht belauscht werden konnte.

Sanft abfallende Rampen führten von Stockwerk zu Stockwerk, breite Gänge für Lift-Laster und flache Schubwägelchen. Diese Rampen boten keine Deckung, doch da er nicht wieder den Liftschacht benutzen wollte, stellten sie die einzige Möglichkeit dar, von einem Stockwerk ins nächste zu gelangen. Verstohlen schlich er hinunter in die vierte Etage und mußte feststellen, daß auch hier niemand war. Erst auf der fünften Etage wurde er schließlich fündig. Bereits auf halbem Weg hörte er leises Gemurmel, und er verlangsamte seine Schritte sofort. Er drückte sich eng an die Wand, ließ sich bis auf den Boden heruntergleiten und suchte hinter einigen halbgeöffneten Kisten Deckung. Von hier aus konnte er sich weiterschleichen, bis er die ganze Szene überblickte.

Hier war die Beleuchtung ebenso dürftig wie überall im Lagerhaus, doch inzwischen hatten sich Jules Augen daran gewöhnt. Mitten im Raum hatte man eine freie Fläche geschaffen, auf der in einem Halbkreis eine Gruppe von etwa dreißig Mann hockte. Als erstes fiel Jules auf, daß es durchwegs Chandakhari waren: alle hatten die dunkle Gesichtsfarbe und das glatte schwarze Haar, das ihr Rassenmerkmal war, obgleich manche so alt waren, daß ihr Haar ergraut war. Jules war entsetzt, als er Männer in den Fünfzigern, ja sogar Sechzigern darunter sah, obgleich die Mehrzahl Ende Dreißig bis Anfang Vierzig waren. Radapur, der Junge aus Jules Schicht, war der jüngste Anwesende.

Vor dieser Gruppe präsidierte wie ein Lehrer vor einer Schulklasse ein hochgewachsener dünner, gutgekleideter Mann mit schmalem Gesicht und hartem Blick. Er saß lässig mit baumelnden Beinen auf zwei Packkisten, die man zusammengeschoben hatte. Auf dem Schoß lag eine Tafel, von der er langsam ablas: »... Gruppe drei, wöchentliche Einnahme 5762 Credits, das bedeutet, daß das Gebiet der Gruppe zwei im Moment der ertragsreichste Sektor ist. Ich glaube, wir lassen Gruppe drei in ihrem jetzigen Gebiet und stellen Gruppe eins zur Unterstützung von zwei ab. Gruppe vier, eure Zahlen fehlen. Wo sind sie?«

Ein Mann seitlich im Halbkreis meldete sich. »Pakahan wurde im letzten Moment aufgehalten. Er wird gleich kommen.«

Der Mann verzog das Gesicht. »Diese Woche war reich an Hindernissen und Verzögerungen. Die anderen Sektoren werden uns womöglich überholen.« Er starrte direkt die Gruppe von Jules' Arbeitskollegen an. »Eure kleinen inoffiziellen Zwistigkeiten sind aufgefallen und werden euch als Minuspunkte angerechnet. Man hat euch wiederholt gesagt, daß ihr für Geld und nicht aus Rache arbeitet. Wir dürfen nicht zulassen, daß uns bei unserem Beruf persönliche Gefühle in die Quere kommen. Jedes Gefühl, aus Rache, führt schließlich zu einer Schwächung des Willens und einer Abweichung vom Ziel. Wenn wir Erfolg haben wollen, müssen wir Geist und Seele rein halten.

Nun wieder zum Geschäft. Ich kann für die Woche keine Einteilung treffen, solange ich nicht weiß, wie Gruppe vier sich gehalten hat, aber da ich von der Annahme ausgehe, sie hätten ihren Durchschnitt erreicht, so kann ich sie für das bis jetzt von eins bearbeitete Gebiet abstellen. Gruppe eins wird in der Nähe von zwei arbeiten, sagen wir in der Nähe des Lucky-Streak-Kasinos. Zwei und drei bleiben an ihrem bisherigen Arbeitsplatz ...«

Jules hörte hinter sich auf der Rampe Schritte. Wahrscheinlich Zuspätkommende von Gruppe vier – wenn ja, dann war Jules entdeckt. Er sah sich hastig nach einer Stelle um, die weder von hinten noch von vorne eingesehen werden konnte, und als er sie entdeckt hatte, machte er einen Satz in diese Richtung. Aber sein Sprung kam zu spät. Der zu spät kommende Mörder befand sich an jener Stelle der Rampe, von der aus er genau die fünfte Etage einsehen konnte, und Jules' hastige Bewegung zog seine Aufmerksamkeit auf sich. Sekundenlang erstarrte er. Dann sah er, daß seine Kameraden nicht bemerkt hatten, daß sie belauscht wurden. »He, da ist wer!« rief er aus.

Auf seinen Warnruf hin sprangen die anderen Chandakhari auf. Eventuelle Eindringlinge stellten ohnehin einen Alptraum für sie dar, und diese Warnung erregte ihre ärgsten Befürchtungen. Einige trugen edelsteinbesetzte Dolche an der Seite und faßten ganz automatisch nach der Waffe. Alle sahen sich nach dem Eindringling um, aber Jules' Versteck bot für den Augenblick maximale Deckung.

Der Neuankömmling, der gesehen hatte, wohin Jules verschwand, bemerkte die Verwirrung seiner Freunde. »Da unten!« rief er. »Hinter den Kisten!«

Jetzt nützte das Verstecken nichts mehr, das wußte Jules. Er stand mehr als dreißig Mann gegenüber, die genau wußten, wo er steckte. Geschwindigkeit, Kraft und Beweglichkeit waren die Mittel, die er einsetzen mußte, wollte er die nächsten paar Minuten überleben. Er stemmte den Rücken gegen eine Reihe schwerer Kisten, hob die Beine und versetzte einem Kistenstapel vor sich einen Tritt. Zwei Stapel begannen bedrohlich zu schwanken, und als er ihnen einen zweiten Tritt versetzte, fielen sie mitten in die Schar der Verfolger.

Die Wirkung der Schwerkraft auf Vesa zog das Spektakel ins Lächerliche, als die Kisten wie im Zeitlupentempo herunterpolterten und die Männer den fallenden Gegenständen auswichen. Schließlich prallten sie nach einer Ewigkeit auf den Boden auf, zerbarsten und verstreuten ihren Inhalt – kleine Maschinenteilchen aus Metall – über den ganzen Boden, so daß man keinen sicheren Schritt mehr tun konnte.

Doch Jules war nicht stehengeblieben, um das Ergebnis seiner Aktion abzuwarten. Das Überleben hing jetzt von Beweglichkeit ab, und Jules bewegte sich wie der Blitz. Die geringe Schwerkraft half ihm und hinderte ihn gleichzeitig. Sie hinderte ihn, weil die Gegenstände so langsam zu Boden fielen, und sie half ihm, weil seine an zwölfmal stärkeren Gravitationsdruck gewöhnten Reflexe, verglichen mit denen seiner Gegner, blitzartig schnell waren. Tatsächlich mußte er seine Kräfte eher zügeln oder er wäre weit über jedes Ziel hinausgeschossen.

Ein Messer zischte an seinem Kopf vorbei, aber nicht zu nahe. Es kam sogar so langsam, daß er es hätte auffangen und seinem Eigentümer zurückwerfen können, wenn es ihm beliebt hätte. Statt dessen ließ er es weiterfliegen und sich zentimetertief in eine Holzkiste bohren. Diese Messer machten ihm kein Kopfzerbrechen. Er hatte sie sich genau angesehen und wußte, daß es keine richtig ausbalancierten Wurfmesser waren. Jules' Vetter, Jean d'Alembert, war ein Meister im Messerwerfen, und Jules hatte sich beim Zusehen die grundlegenden Kniffe dieser Kunst angeeignet. Die Klingen seiner Gegner hier waren zum Zustechen geeignet. Falls er einen der Gegner nahe herankommen ließe, wäre das Spiel ohnehin aus – das wußte er.

Jules schlich geduckt hinter eine Kistenreihe weiter in der Hoffnung, Zugang zur Rampe und damit zur Freiheit zu gewinnen. Ein halbes Dutzend dieser Galgenvögel schnitt ihm jedoch den Weg ab und kam mit mordlustigen Blicken auf ihn zu. Nachdem er die Entfernung abgeschätzt hatte, entschied sich Jules, keinen Sprung über ihre Köpfe hinweg zu machen. Im Augenblick war ein strategischer Rückzug eher am Platze. Mit einer raschen Drehung floh er in die Richtung, aus der er gekommen war.

Zwei der Schurken sprangen von einer Kiste herab. Einer packte sein Handgelenk, während der andere Jules um die Mitte faßte. Mit größter Kraftanstrengung riß Jules seine rechte Hand hoch, an der der Angreifer hing und ließ den Kopf des Mannes gegen einen Metallcontainer krachen. Mit einem dumpfen

Stöhnen ließ der Mann Jules los und fiel bewußtlos zu Boden.

Mit der Verachtung des Athleten für vergeudete Bewegung fuhr Jules in seiner Verteidigung fort. Sein Körper drehte sich entgegen dem Uhrzeigersinn, und der Gauner, der nach seiner Mitte gefaßt hatte, mußte loslassen und begann zu Boden zu gleiten. Jules ließ nicht zu, daß der Fall so zwanglos vonstatten ging. Im Drehen stieß er mit dem rechten Fuß nach hinten und traf den Mörder mit der Ferse unter dem Kinn. Der Mann war besinnungslos, noch ehe er auf dem Boden auftraf.

Mit einem Sprung über die gefallenen Gegner setzte Jules seinen Weg fort, obwohl ihn jeder Schritt von der Rampe mehr entfernte. Zu seiner Linken näherte sich ihm eine Vierergruppe, um ihm den Weg abzuschneiden. Mit Höchstgeschwindigkeit anlaufend, rammte Jules seinen Leib gegen einen Kistenstapel, der langsam, aber voll wirksam mitten in diese Gruppe stürzte. Die Männer waren zu schnell gelaufen und konnten nun nicht stehenbleiben und ausweichen. Die meisten konnten die herabstürzenden Kisten mit den Armen abwehren, doch die scharfen Kanten eines Containers trafen den einen mitten auf den Kopf und hinterließen eine klaffende Wunde. Der Mann brach unter dem Gewicht der Kiste zusammen, das Blut strömte aus der Platzwunde.

Der von Jules beabsichtigte Stoß gegen den Kistenstapel hatte aber auch ihn aus dem Gleichgewicht gebracht. Er geriet ins Taumeln und hatte kaum seine Standfestigkeit wieder, als er auf einem der Metallteilchen aus der ersten umgestürzten Kiste ausrutschte. Verzweifelt um Gleichgewicht kämpfend, taumelte er in einen weiteren Stapel. Er mußte stehenbleiben und sich eine Sekunde lang von dem Aufprall erholen.

Während er dastand, kamen drei der Gauner näher. Einem konnte er ausweichen, so daß der Mann eben in jene Kiste sauste, die Jules vorhin getroffen hatte. Der zweite wurde mit einem Karateschlag abgewehrt. Jules kämpfte jetzt um sein Leben und hatte keine Zeit mehr, seine Hiebe genau zu bemessen. Wenn er zuschlug, dann mit der vollen Gewalt eines wütenden DesPlainianers.

Der dritte Mann traf zufällig Jules' kaum verheiltes linkes Bein und dieser spürte es wie einen schmerzhaften Dolchstoß im ganzen Körper. Die beiden Kämpfenden fielen zu Boden, doch Jules hatte sich von dem Schock rasch erholt. Er brachte das rechte Knie hoch, stieß es dem Angreifer unters Kinn und der Mann fiel rücklings hin. Jules kam mit einer Rolle rasch auf die Beine und war wieder voll einsatzbereit.

Obwohl er seine Gegnerzahl beträchtlich vermindert hatte,war die Gegenseite noch bei weitem überlegen. Jetzt war der Überraschungseffekt seiner Anwesenheit vorüber, und die Chandakhari besannen sich auf ihren Einsatz als Gruppe. Jules hatte bereits einmal mit angesehen, wie exakt sie zuschlagen konnten. Er hatte kein Verlangen nach einer weiteren Demonstration. Sie bewegten sich nun in Gruppen, umkreisten ihn immer enger in der Hoffnung, ihre spezielle Kampftechnik bei ihm anwenden zu können. Er mußte sich so weit entfernt wie möglich halten, denn mit jeder Sekunde, die sie näher kamen, sanken seine Chancen. Zwanzig entschlossenen Würgern würde er niemals entkommen, wenn sie gleichzeitig Hand an ihn legten.

Die Mörder kreisten ihn nun von drei Seiten ein – von der Rampe her, aus der Gegenrichtung und von vorne, wo die Gruppe am Boden gehockt hatte. Blieb ihm also nur die Rückwand zum Rückzug – eine Bewegung, welche die Gegner offenbar erwarteten. Damit rechnend, lief Jules zwischen den Kistenreihen zur Hinterwand, drehte sich dann um und sah seinen Angreifern entgegen.

Sie kamen jetzt im Vertrauen auf den endgültigen Ausgang etwas langsamer näher. Sie wollten sich durch überstürzte Hast nichts verderben. Sie hatten ihr Wild gestellt, und konnten sich jetzt für das letzte Kapitel Zeit lassen.

Jules sah weiter nach rechts hin, weg von der Rampe, und schien diesem Drittel seiner Angreifer den Hauptteil der Aufmerksamkeit zuzuwenden. Aus dem Augenwinkel jedoch beobachtete er die Annäherung der Gruppe vor ihm und zur Linken. Und plötzlich, als die Positionen genau richtig waren, legte er los.

Aus dem Stehen lief er geradewegs der von links kommenden

Gruppe entgegen. Dieser direkte Angriff überraschte sie zwar, doch hielten sie die Linie und waren auf den Anprall gefaßt. Jules steigerte die Geschwindigkeit, so gut er konnte, und als er bis auf fünf Meter herangekommen war, beugte er die Knie und sprang in einem flachen Bogen über die Köpfe der erschrockenen Gruppe hinweg. Einer der Mörder, mit rascherer Auffassung begabt als die übrigen, versuchte hochzuspringen, während Jules über ihm flog, und wollte nach seinen Kleidern haschen, um ihn zumindest zu bremsen. Er erntete dafür einen Tritt ins Gesicht, als Jules seine Akrobatenkünste zu einer Drehung mitten im Sprung benutzte. Der Springer fiel mitten in die Gruppe seiner Genossen und stiftete eine heillose Verwirrung.

Jules' kräftige Beinmuskulatur funktionierte bei der Landung wie eine Feder und milderte den Aufprall. Er rollte sich ab, sprang auf und lief auf die Rampe zu. Jetzt stand ihm keiner im Weg. Jules konnte sich allein auf das Tempo konzentrieren.

Und Tempo hatte er. Auf DesPlaines hatte es Jules in seiner Höchstform zu einem guten Läufer, wenn auch zu keinem Rekordhalter gebracht. Die kürzlich erlittene Verletzung machte ihn noch langsamer. Aber auf Welten mit geringerer Schwerkraft war er unvergleichlich. Jules war bei weitem der beste Läufer, den diese Halunken je gesehen hatten oder sehen würden, ein Blitz in menschlicher Gestalt. Er hatte die Rampe bereits erreicht, ehe einer der Chandakhari auch nur daran dachte, die Verfolgung in dieser Richtung aufzunehmen.

Natürlich gaben sie nicht auf. Wie ein Mann liefen sie auf die Rampe zu und hinauf bis zur nächsten Stufe. Aber Jules war viel schneller, obwohl ihn der Kampf ermüdet hatte. Als die ersten den vierten Stock erreicht hatten, waren die einzige Spur von Jules d'Alembert seine verklingenden Schritte, als er hinauf und aus dem Lagerhaus hinaus rannte.

Garst hörte das gar nicht gern. Lessin, der Mann, der kurz vor der unliebsamen Unterbrechung die Anweisungen im Lagerhaus erteilt hatte, war direkt zum Chef gegangen, um ihm die Neuigkeit von dem Eindringling zu berichten. Jetzt war er nicht mehr sicher, daß dies sehr klug gehandelt war.

»Bespitzelt zu werden ist eines. Den Spitzel entdeckt und ihn laufengelassen zu haben, deutet auf haarsträubende Unfähigkeit hin!« Der kleine untersetzte Garst bebte vor Wut. Lessin kannte diese Zornausbrüche – er hatte mit angesehen, wie sie sich gegen andere richteten. Dies Ergebnis war in keinem Fall angenehm, und er wappnete sich insgeheim gegen die Strafe, die kommen würde.

»Wir alle haben es versucht«, entschuldigte er sich. »Noch nie habe ich einen Menschen gesehen, der sich so schnell bewegte. Wie ein wildes Tier ...«

»Und ihr wart ihm nur mit dreiunddreißig Mann überlegen«, höhnte Garst. »Man hat Panna-Katzen mit weniger Aufwand gefangen. Deine Leute sind trainiert und machen ihre Arbeit gut. Die meisten sind jahrelang bei uns, und doch konntet ihr eine einzelne Person nicht fangen.« Er schlug mit der Faust wütend in die flache Hand.

Lessin wartete ab, bis Garsts Wut verraucht war. Was immer er jetzt sagte, würde nur Öl ins Feuer gießen.

Mit der Zeit beruhigte sich Garst ein wenig. Er drehte Lessin den Rücken und lief hinter seinem großen Schreibtisch auf und ab. »Die Frage lautet nun: Wer war der Mann? Welche Bedrohung stellt er dar? Handelt er auf eigene Faust, oder lauern im Hintergrund noch andere?«

»Die Männer meiner Gruppe Zwei kennen ihn. Er begann vor einigen Tagen als Dockarbeiter. Er nennt sich Georges du-Champs und stammt von DesPlaines. Als sie mit anderen Arbeitern ihrer Gruppe Ärger hatten, schritt dieser duChamps ein – sowohl zu ihren Gunsten als auch gegen sie. Die können aus ihm nicht klug werden.«

»Ein DesPlainianer?« Garst setzte sich und trommelte auf die Schreibtischplatte. »Na, damit wäre euer Versagen teilweise erklärt. Von diesen Leuten habe ich schon allerhand gehört. Trotzdem – dreiunddreißig gegen einen ...« Er warf Lessin einen bedeutungsschweren Blick zu.

Der Untergebene stürzte sich in die Gesprächslücke, ehe Garst sich weiter über das Mißgeschick verbreiten konnte. »Ich glaube, er arbeitet im Alleingang. Er hatte ein paar Zusammenstöße mit meinen Leuten und war eben neugierig. Schließlich kann er nicht von der Polizei sein – die würden sich niemals mit uns anlegen . . .«

»Aber sicher können wir nicht sein!« Garst schlug mit der Faust hart auf die Holzplatte. »Lessin, in unserem Geschäft dürfen wir kein Risiko eingehen. Nichts für sicher ansehen. Wir sind nicht der einzige Polizeibezirk. Bis jetzt hat sich kein Mensch eingemischt, weil wir nicht zuviel Gier an den Tag legten. Ein paar Tropfen aus einem breiten Strom fallen nicht auf. Aber es besteht immer die Möglichkeit, daß wir einen Fehler begingen und auf uns aufmerksam machten. Wir müssen unter allen Umständen die Wahrheit herausfinden, und, falls notwendig, einen eventuellen Fehler so rasch wie möglich korrigieren.«

Garst stand wieder auf und nahm vor seinem Handlanger Aufstellung. »Wir müssen diesen duChamps fassen – lebendig. Wir müssen ihn verhören und herausbekommen, wieviel man über uns weiß, damit wir die Gefahr abschätzen können. Arbeitet er auf eigene Faust, gut und schön. Man kann ihn gefahrlos ausschalten. Aber wenn er Teil eines größeren Ganzen ist, werden wir drastischere Maßnahmen ergreifen müssen. Ich hasse zwar dergleichen Überlegungen, aber ich kann nicht anders.«

Er sah Lessin unverwandt an. »Da du die Sache verbockt hast, sollst du sie auch wieder ausbügeln. Du leitest die Suchaktion. Jeder einzelne unserer Organisation soll eine Beschreibung dieses duChamps bekommen. Ich möchte, daß jedes mögliche Versteck abgesucht wird, angefangen natürlich von seinem Hotelzimmer, obwohl ich bezweifle, daß er so dumm ist und dorthin zurückkehrt. Wir suchen jeden Zentimeter auf Vesa ab, wenn es sein muß, aber ich möchte, daß duChamps gefaßt und mir lebendig vorgeführt wird. Verstanden?«

Ja, es wurde verstanden. Lessin war eigentlich froh, daß Garst ihm die Leitung der Suchaktion übertragen hatte. Es war duChamps' Schuld, daß er zu Garst hatte gehen müssen, und er wollte nun diese Ehrenschuld begleichen. Er würde den DesPlainianer finden, jawohl, und wenn es soweit war, denn würde der Spitzel sich sehnlichst wünschen, Garst hätte erlaubt, ihn sofort zu töten.

VIII

Verschwunden!

Nach ihrem zufälligen Zusammentreffen mit Dak Lehman konnte Yvette nur drei Stunden lang schlafen, und auch diese Zeit verbrachte sie unruhig in einem Stuhl zu, beobachtete die Tür und fuhr beim leisesten Geräusch im Gang auf, weil sie das Auftauchen jener drei Männer fürchtete, die ihr auf dem Starliner aufgelauert hatten. Einmal hatten die Gauner sie überraschen können – aber das sollte nie wieder vorkommen. Diesmal jedoch war es ein falscher Alarm, es ereignete sich nichts von Bedeutung.

Um 09.30 Uhr raffte sie sich aus dem Stuhl auf und machte sich für die Verabredung mit Dak zurecht. Sie hatte am Vorabend versäumt, sich ihr Make-up zu entfernen. Die Schminke auf ihrem Gesicht fühlte sich bröselig an, dazu kamen die dunklen Ringe unter den Augen und das wirre Haar – alles Folgen der im Stuhl verbrachten Nacht. Und nach einem langen, prüfenden Blick in den Spiegel sagte sie sich: Dak muß verrückt sein. Kein Mensch, der seine fünf Sinne beisammen hat, würde eine Frau heiraten wollen, die so aussieht wie ich.

Sie überlegte ernsthaft, ob sie ihn nicht in seinem Hotel anrufen und die Verabredung absagen sollte oder ob sie ihn ohne weitere Erklärung einfach versetzen sollte. Da sie ihm ihr Hotel nicht angegeben hatte, würde er sie vielleicht nicht finden können, und damit wären die beiderseitigen Probleme ein für allemal gelöst. Aufseufzend kam sie zu der Erkenntnis, daß sie das niemals zuwege bringen würde. Sie hatte versprochen, sich mit ihm zu treffen, und ein Versprechen galt unter den d'Alemberts als heilig. Ihr Familienstolz ließ es nicht zu, daß sie dieses eine Versprechen brach.

Sie verwendete besondere Mühe auf ihr Gesicht, und als sie fertig war, war auch ihre Niedergeschlagenheit verschwunden. Das Gesicht, das ihr jetzt aus dem Spiegel entgegensah, wirkte nicht mehr müde und abgespannt, und sie war mit dem Ergebnis ihrer Bemühungen höchst zufrieden. Eine weniger bescheidene

Person hätte sich sogar zu der Behauptung verstiegen, daß sie hinreißend schön sei. Ein rascher Blick auf die Uhr neben ihrem Bett sagte ihr, daß sie viel zuviel Zeit auf ihr Make-up verwendet hatte – es war bereits 10.30 Uhr vorbei. Sie zog sich eilends an, lief zum Aufzug, fuhr hinauf zur Rezeptionsetage und winkte ein Jit herbei. Auf ein Frühstück mußte sie heute verzichten, aber sie konnte ja später mit Dak zu Mittag essen.

Mit fünf Minuten Verspätung kam sie an der vereinbarten Stelle an. Innerlich fluchend über ihre eigene Bummelei und das komplizierte Verkehrssystem auf Vesa. Yvette haßte Verspätungen. Es erweckte in ihr das Gefühl, irgendwie unfähig zu sein. Sie stürzte aus dem Jit, betrat das überfüllte Kasino und begann sofort mit der Suche nach Dak.

Sie konnte ihn nicht sofort entdecken und betete darum, daß auch er zu spät käme, um ihre Unpünktlichkeit nicht zu merken. Sogar um diese Zeit war das Kasino schon ziemlich voll. Da sich das Leben auf Vesa unterirdisch abspielte, war man hier nicht vom willkürlichen Tag-und-Nacht-Rhythmus abhängig und konnte hier rund um die Uhr aktiv bleiben. Vielleicht war Dak schon gekommen, hatte gesehen, daß sie nicht da war und hatte sich bis zu ihrem Auftauchen unter die Leute gemischt.

Yvette wartete. Die eine Minute wurde zu fünf Minuten, dann zu zehn. Noch immer keine Spur von Dak. Ungeduld begann an ihren Nerven zu zerren und nahm abwechselnd die Form von Zorn und Besorgnis an.

Wie kann er es nur wagen, mich warten zu lassen? Er war es ja gewesen, der sich hatte unbedingt treffen wollen. Und wenn ihm etwas passiert ist? Wenn er in seiner Badewanne ausgerutscht ist und sich eine Gehirnerschütterung zugezogen hat?

Plötzlich überkam sie das Gefühl, daß es sehr auffällig wirken müßte, daß sie ganz allein im Eingang stand, während die Menschen um sie herum zu den Spieltischen drängten. Endlich beschloß sie, etwas von sich aus zu unternehmen. Sie ging an ein öffentliches Telefon, warf eine Münze ein und rief das Soyuz-Hotel an, in dem, wie sie wußte, Dak abgestiegen war. »Verbinden Sie mich mit Gospodin Lehmans Zimmer, bitte«, ersuchte sie, als sich die Telefonzentrale meldete.

Schweigen am anderen Ende, dann sagte die Stimme: »Tut mir leid, der Herr ist nicht mehr da.«

Yvette stieß einen Seufzer der Erleichterung aus. »Sie meinen wohl, er ist auf dem Weg zu einer Verabredung?«

»Das kann ich nicht wissen, Gospoza.«

»Karascho. Danke.« Sie legte auf und nahm im Kasino das Warten wieder auf.

Sie wartete eine weitere halbe Stunde und wurde von Minute zu Minute unruhiger. Er dürfte nicht mehr als fünfzehn Minuten von seinem Hotel hierher brauchen, das wußte sie. Was hatte ihn aufgehalten?

Hatte sich etwas so Dringendes ergeben, daß er sie versetzen mußte, ohne sie zu benachrichtigen? Sie war von sich nicht so eingenommen, um nicht einzuräumen, daß es für ihn eine Menge anderer, wichtigerer Dinge gäbe, als sie es war. Sie entsann sich aber auch des bittenden, verzweifelten Tones, mit dem er sie gestern um diese Verabredung gebeten hatte. Das hatte er aufrichtig gemeint, und es war schwer vorstellbar, daß etwas dazwischenkam, das ihn von der Verabredung hätte abhalten können, die er so sehr herbeigesehnt hatte.

Aber er war nicht da und sein Hotel gab die Auskunft, daß er fort wäre. Sie sah hinaus und spähte die Verkehrstunnels entlang, so weit sie konnte. Der Verkehr schien ungehindert zu fließen, und die Fahrzeuge näherten sich zügig der großen, kuppelüberdachten Kreuzung vor dem Kasino. Ein Verkehrsunfall war also auszuschließen. Was war der Grund für sein Nichterscheinen? Wo war er? Er konnte doch nicht plötzlich verschwunden sein . . .

Plötzlich erstarrte Yvette vor Schreck.

»Mon Dieu!« stieß sie leise hervor. »Das kann nicht sein! Das darf doch nicht sein!«

Aber ihr logischer Verstand sagte ihr, daß es sehr wohl sein konnte. Was hatte man in der Telefonzentrale gemeint mit der Auskunft, er wäre nicht mehr da? Plötzlich gab es für Yvette nichts Wichtigeres auf der Welt, als die Antwort darauf zu finden. Sie rannte hinaus und winkte ein Jit herbei. »Soyuz-Hotel«, sagte sie atemlos zur Fahrerin. Die Frau nickte und berechnete den Fahrpreis. Yvette stopfte ihr ein Banknotenbündel in die Hand und setzte sich hinten hin.

Im Augenblick fiel ihr das Denken schwer. Ihr ansonsten klarer, wacher Verstand trieb hilflos in einem Meer der Verwirrung und umkreiste das Problem, ohne sich darauf konzentrieren zu können. Sie wollte sich dem Problem nicht stellen, obwohl sie wußte, daß sie es in allernächster Zukunft tun mußte. Ihr ganzer Körper war gefühllos vor Angst, normalerweise ein ihr unbekanntes Gefühl. Angst um sich selbst war ihr fremd – aber die Angst um jemanden, den sie liebte, jagte ihr Schauder über den Rücken.

Nach sieben Ewigkeiten blieb der Jit vor dem Hotel stehen. Yvette mußte ihren erstarrten Körper zu aktivem Handeln zwingen. Sie stieg aus, lief in die Empfangshalle und fragte den diensthabenden Empfangschef: »Wohnt hier ein Gospodin Lehman?«

Der Mann sah in seinen Unterlagen nach. »Er hat hier gewohnt. Gestern abend ist er ausgezogen.«

»Dak Lehman?«

»Richtig.«

»Um welche Zeit?«

Der Mann zog wieder seine Unterlagen zu Rate. »Um 01.30 Uhr.«

»Ist das nicht ein seltsamer Zeitpunkt, um ein Zimmer aufzugeben?«

»Nicht auf Vesa«, sagte der Mann mit einem Achselzucken. »Hier ist die Zeit ohne Bedeutung.«

»Hat er eine Adresse hinterlassen, unter der er zu erreichen ist?« fragte Yvette und faßte verzweifelt nach diesem letzten Strohhalm.

»Tut mir leid – nein.«

Als ihr klar wurde, was da geschehen war, traf es sie wie ein Schlag in die Magengrube. Hier handelte es sich nicht mehr um eine nüchterne Statistik aus verstaubten Polizeiakten, hier ging es um einen Menschen aus Fleisch und Blut, den sie zufällig auch noch sehr liebte! Das konnte nicht wahr sein!

Verzweifelt lief sie zu einer öffentlichen Telefonzelle und investierte ein kleines Vermögen an Münzen. Von der Raumfahrtgesellschaft, der die »Kaiserin Irene« angehörte, erfuhr sie, daß Dak Lehman sich den Betrag für die bezahlte Rückfahrt hatte rückerstatten lassen. Nein, eine Umbuchung auf einen anderen Termin habe er nicht vornehmen lassen. Andere Anrufe bei anderen Gesellschaften erbrachten negative Ergebnisse – Dak Lehman hatte sich nirgends einen Platz reservieren lassen.

So wie viele Tausende vor ihm, war Dak Lehman von der Oberfläche von Vesa verschwunden!

Als die Schlußfolgerung unumstößlich war, setzte sich Yvette in der Zelle auf den Sitz, drehte das Gesicht zur Wand und weinte. Verdammt noch mal, ich hätte eigentlich das Opfer sein sollen, Dak, nicht du! Ich war der Köder. Ich hätte mich wehren können. Warum haben sie dich genommen und nicht mich?

Ihr Kopf wollte zerspringen, und die Wand, die sie anstarrte, hatte für sie keine Antwort. Haltlos schluchzte sie vor sich hin, übermannt von ihren Gefühlen. Als sie ihrem Kummer Luft gemacht hatte, hob sie den Kopf und der Tränenfluß versiegte. Jetzt war sie wieder die kalte, berechnende Geheimagentin der Superklasse, der SOTE treu ergeben. Und das verborgen lodernde Feuer des Zornes in ihren Augen bedeutete ein warnendes Signal für alle, daß mit dieser Frau nicht zu spaßen war.

Sie verließ eben die Telefonzelle, als etwas in der Hotelhalle ihre Aufmerksamkeit erregte. Sie huschte in die Zelle zurück, duckte sich und lugte durch den Türspalt der Zelle hinaus. Sie sah jenen großen Mann, dem sie den Namen Gaspard gegeben hatte, an die Rezeption treten und ein Gespräch mit dem Empfangschef beginnen. An der Art, wie der Empfangschef den Kopf schüttelte, glaubte sie zu erkennen, daß Gaspard dieselben Fragen gestellt hatte wie sie – und dieselbe Antwort erhielt. Yvette hoffte, der Empfangschef würde es nicht erwähnen, daß eine Frau vor wenigen Minuten dieselben Fragen gestellt hatte.

Offenbar sagte er auch nichts davon. Von ihrem eigenen Gespräch her wußte Yvette, daß der Mann von sich aus keine Informationen ausspuckte, wenn es sich vermeiden ließ. Jedenfalls verzog Gaspard auch das Gesicht und wandte sich vom Tresen ab, wodurch er außer Yvettes Blickfeld geriet. Sie ließ ihm fünfzehn Sekunden Vorsprung, dann öffnete sie die Tür und trat aus der Telefonzelle.

Gaspard war nirgends zu sehen, sie nahm an, er wäre durch den Haupteingang weggegangen. Ohne einen Augenblick zu zögern, ging sie ihm nach. Er und seine Freunde waren nunmehr die einzige Spur. Sie wußten mehr über Dak, als sie es hatten verlauten lassen. Vielleicht war ihre Vermutung richtig, daß diese Leute den Voraustrupp der Bande bildeten. Warum aber war dann der Große so außer sich, daß Dak nicht mehr im Hotel war?

Jedenfalls konnte sie sich an keine anderen Spuren halten. Auch wenn diese drei Dunkelmänner nicht persönlich verantwortlich für Daks Schicksal waren (auch jetzt noch brachte Yvette es nicht über sich, an das Wort »Tod« zu denken), so waren sie ihm doch auf den Fersen gewesen und wußten mehr als sie. Die Leute mußten um etwas Bescheid wissen, das ihr bei der weiteren Nachforschung weiterhelfen konnte.

Außerdem mußte sie eine Schuld heimzahlen . . . und die Schulden eines d'Alembert wurden immer beglichen.

Gaspard stieg in ein Jit und fuhr durch den Tunnel in östlicher Richtung davon. Yvette konnte ein anderes Jit herbeiwinken, dessen Fahrer nur zu gern ihr reichliches Trinkgeld in Empfang nahm und dafür das andere Fahrzeug verfolgte. Yvette setzte sich hinter den Fahrer und beobachtete mit scharfem Blick, ob das Wild etwa merkte, daß es verfolgt wurde, doch dazu war der Mann offensichtlich zu tief in seine eigenen Gedanken versunken.

Die Fahrt war kurz und ohne Umwege – nur einen halben Kilometer bis zur nächsten kuppelüberdachten Kreuzung. Dort stieg Gaspard aus und betrat ein kleines Straßencafé. Kurz darauf kam er mit einer dampfenden Tasse und einem kleinen Tablett mit Speisen heraus, suchte einen Tisch, ließ sich nieder und begann gemächlich seinen Lunch zu verzehren. Dabei ließ er sich ausgiebig Zeit. Yvette war ebenfalls ausgestiegen und beobachtete ihn von der anderen Straßenseite aus durch den Spiegel ihrer Puderdose, wobei sie so tat, als mache sie sich zurecht. Sie gelangte zu der Ansicht, daß er auf jemanden wartete, wahrscheinlich auf einen oder beide seiner Partner.

Ihre Vermutung wurde wenige Minuten darauf bestätigt, als sich Murgatroyd zu ihm gesellte. Nunmehr hatte Yvette ihre Puderdose wieder verstaut und beobachtete die Vorgänge, indem sie in eine Schaufensterscheibe guckte. Die zwei Männer sprachen zunächst nicht, dann aber unterhielten sie sich leise. Während Gaspard seine Informationen weitergab, wurde Murgatroyd immer unruhiger. Als endlich der dritte – ein unauffälliger Bursche mit graubraunem Haar und bleistiftdünnem Schnurrbart – dazukam, waren beide ziemlich außer sich.

Der Neuhinzugekommene machte ein finsteres Gesicht, als er das ihm Mitgeteilte hörte. Abrupt standen die drei auf und verließen das Café. Zu Yvettes großer Erleichterung nahmen sie keinen Jit – es war so verdammt umständlich, diese vertrackten Dinger zu verfolgen –, sondern gingen zu Fuß die Straße entlang bis zum Eingang eines kleinen, billigen Hotels mit Namen Vesa Arms.

Yvette folgte ihnen und überquerte die Straße, als die Männer im Hotel verschwunden waren. Sie wartete noch zehn Sekunden vor dem Eingang, dann ging sie hinein.

Sie konnte eben noch sehen, wie die drei in einem Aufzug nach unten fuhren, wahrscheinlich wollten sie sich zur Ruhe begeben. Sie hatte keine Ahnung, auf welchem Stockwerk sie wohnten und welche Zimmernummer sie hatten, aber sie kannte Mittel und Wege, um dahinterzukommen.

Jetzt laß dir was einfallen, Mädchen, sagte sie sich. Nachdem sie ihren Hosenanzug oben fast bis zur Mitte freizügig geöffnet hatte und den Mantel verwegen um die Schultern drapiert hatte, ging sie mit eindrucksvollem Hüftschwung an das Empfangspult. Für eine gewöhnliche Dirne, eine Dyevka, war sie vielleicht zu elegant gekleidet, doch bezweifelte sie, ob der Portier für derartige Details jetzt noch Augen haben würde.

»Hast du die drei Knaben gesehen, die da eben durchkamen?« fragte sie in so ordinärem Slang wie möglich.

»Ja, hab' ich«, gab der Portier zurück. »Was soll mit denen sein?«

»Dann rück ihre Zimmernummer raus.«

»Warum?« Der Mann kniff mißtrauisch die Augen zusammen.

»Geschäfte.«

»Was für Geschäfte hast du mit denen?«

»Sehr persönliche«, verriet Yvette mit einem Augenzwinkern. »Falls du weißt, was ich meine.«

Er wußte haargenau, was sie meinte. »Wenn die dich oben haben wollen – warum nahmen sie dich nicht selbst mit?«

Wieder ein Blinzeln Yvettes. »Hm, ja, die wollten wohl mit mir nicht gesehen werden.« Jetzt verfiel sie in einen Jammerton. »Hör mal, Towarisch, du mußt mir da helfen. Gospodin Iwanow und seine Freunde . . .«

»Er heißt nicht Iwanow«, erwiderte der Portier knapp.

»Bei mir heißen die alle Iwanow. Na jedenfalls – er und seine zwei Freunde sagten, ich solle mit ihnen runter aufs Zimmer. Bloß vergaßen sie die Nummer zu geben. Richtig dämlich – ich weiß –, aber manche Kunden sind eben so. Wenn ich nicht bald runterkomme, werden sie furchtbar wütend, und wenn sie dann noch erfahren, daß du mir nicht die Nummer geben wolltest . . .« Ihr Ton deutete düstere Aussichten an.

»Zwanzig Credits!« sagte der Portier.

»Du bist wohl nicht bei Trost!« rief Yvette aus. »Dabei springt für mich nicht mehr als hundert heraus. Ich werde einem lausigen Portier doch keine dreckigen zwanzig Credits Provision zahlen! Zehn Scheine, mehr nicht, das ist mein letztes Wort!« Natürlich hätte Yvette den Pappenstiel von zwanzig Credits bezahlen können, aber sie durfte nicht aus der Rolle fallen.

Der Mann nickte nach kurzem Überlegen. »Na schön, also zehn – im voraus!«

Seine Handfläche kam auf sie zugeschnellt.

Während sie etwas von »dreckiger Erpresser« murmelte, angelte Yvette tief in ihre Tasche und zog einen Schein hervor. Der Portier nahm die Banknote mit einem öligen Grinsen in Empfang und sagte: »Zimmer 412. Und viel Spaß.«

»Spar dir das«, gab Yvette schnippisch zurück und ging hüftenschwenkend zum Aufzug. Während sie in die vierte Etage hinunterglitt, erlaubte sie sich ein kleines Lächeln wegen ihrer schauspielerischen Leistung.

Der Professional in ihr war stolz auf sich, während die Frau in ihr weniger Grund dazu hatte.

Der Gang im vierten Stock war schmal und leer. Die trübe Deckenbeleuchtung trug auch wenig dazu bei, den verblaßten, roten Teppich oder den in großen Stücken abblätternden Wandanstrich zu beleuchten. Der abgestandene Geruch verbrauchter Drogenstengel hing über dem Raum. Yvette rümpfte angewidert die Nase. Die Umgebung paßte haarscharf zu den drei Typen, hinter denen sie her war.

Zimmer 412 lag links vom Lift aus gesehen. Sie schlich sich leise an und legte das Ohr an die Tür. Drei männliche Stimmen waren zu unterscheiden, aber die einzelnen Worte konnte sie nicht verstehen. Jedenfalls war aber ein Streit im Gange, soviel war ihr klar.

Nachdem sie ihren Mantel auf dem Boden abgelegt und so viel Abstand von der Tür genommen hatte, wie bei dem kleinen Gang möglich, nahm Yvette einen Anlauf in Höchstgeschwindigkeit.

Mit der vollen Wucht ihrer siebzig Kilo traf sie auf die Tür auf, die nur aus einem dünnen, billigen Holz bestand und sofort nachgab. Yvette d'Alembert fegte wie ein Wirbelwind durch den Raum.

Die drei Männer hatten überhaupt keine Chance. Gaspard und Murgatroyd saßen auf dem Bett, während der dritte – offenbar ihr Boß – ihnen gegenüber auf einem Stuhl saß. Sie waren von Yvettes Eindringen so überrascht, daß sie keine Bewegung machten. Murgatroyd wurde mit einem harten Schlag auf den Halsansatz außer Gefecht gesetzt. Gaspard wandte ihr eben den Kopf zu, als er schon ihr Knie mitten ins Gesicht bekam. Er brach vor Schmerz zusammen, Yvette packte ihn hinten am Hemdkragen und schleuderte ihn gegen die Wand, wo er bewußtlos zu Boden glitt.

Dem Dritten blieb ein Augenblick Zeit, um sich zu erheben und in die Jacke nach seiner Waffe zu greifen. Wie der Blitz war Yvette über ihm, packte sein Handgelenk und ließ es hart gegen ihr Knie knallen. Der Mann schrie vor Schmerz auf, aber Yvette hatte ihren Vorrat an Mitgefühl aufgebraucht. Sie packte ihren Gegner an den Jackenaufschlägen, schleppte ihn in das winzige Bad und schloß die Tür hinter sich.

»Heute sieht die Sache ein wenig anders aus als bei unserer letzten Begegnung«, sagte sie grimmig und zog ihm die Betäubungswaffe aus der Tasche. »Diesmal kann ich auch ein paar Worte äußern, und da Sie sich so gern reden hören, glaube ich gut daran zu tun, Sie recht viel plaudern zu lassen!«

Sie zog den linken Schuh aus, schraubte den Absatz herunter und entnahm einem Geheimfach eine kleine Dose Hypospray. »Ich werde Ihnen nun ein paar Fragen stellen«, fuhr Yvette eiskalt fort, »und bin heute nicht in der Stimmung für komische Antworten. Ich nehme an, Sie wissen, was ich in dieser Dose habe?«

Der Mann geriet ins Zittern, als er die klare Flüssigkeit sah. »N-nitrobarb«, riet er. Das mußte es sein. Nitrobarb war das wirksamste den Menschen bekannte Wahrheitsserum. Unter seinem Einfluß war niemand imstande zu lügen. Leider wies das Präparat in seinen Folgen eine Todesrate von fünf Prozent auf und stand aus diesem Grund auf der Verbotsliste. Allein der Besitz der Droge galt als Kapitalverbrechen.

Yvette sah ihn mit erstarrtem Lächeln an. »Ich bin froh, daß Sie das sagen. Ich lasse mich nämlich nicht gern auf Verbotenes ein. Also, wie steht es – soll ich Ihnen die Ladung verpassen, oder reden Sie freiwillig? Es liegt bei Ihnen. Wie entscheiden Sie sich?«

»Stecken Sie das Ding weg. Ich rede«, sagte der Mann und faßte vorsichtig nach der verletzten Hand. »Ehrlich, ich war nicht auf Schwierigkeiten aus, ich möchte nur meinen Job ausführen.«

»Es gehört also zu Ihrem Job, harmlosen Frauen aufzulauern?« höhnte Yvette. »Los jetzt – ich will alles wissen. Wer sind Sie und worin besteht Ihre Verbindung zu Dak Lehman?«

»Ich heiße Myerson. Meine Partner und ich arbeiten für die Firma Cosmos, Ermittlungen.«

»Detektive?« Diese unerwartete Neuigkeit bewirkte, daß

Yvette die Brauen überrascht zusammenzog. »Können Sie das beweisen?«

»Mein Ausweis steckt in der Jackentasche.« Er wollte mit der Linken hinlangen, doch Yvette schwenkte die Waffe vor seiner Nase so, daß er mitten in der Bewegung erstarrte.

»Ich hole mir das Ding selbst«, sagte sie und langte nach seiner Brieftasche. Sie fand den Ausweis zusammen mit Foto und Netzhautmuster. Daraus entnahm sie, daß Rolf Myerson eine Detektivlizenz des Planeten Largo besaß. Das war eine Entwicklung, die ihr gar nicht behagte.

»Ich verstehe noch immer nicht, woher Sie sich das Recht nahmen, mein Zimmer aufzubrechen und einzudringen.«

»Hatten Sie das Recht dazu?« Myerson sah sie forschend an.

»Ich habe die Waffe«, sagte Yvette kühl, »was mir im Moment das Recht dazu gibt. Aber ich bin nicht da, um mit Ihnen über ethische Begriffe zu streiten. Ich möchte wissen, warum Sie hinter Dak Lehman her waren.«

»Seine Frau engagierte uns. Wir sollten ihn beschatten. Sie ...«

»Seine Frau? Von einer Ehefrau sagte er mir nichts.«

»Es gibt Ehemänner, die diese Einzelheiten gern vergessen. Außerdem wollten sich die beiden ohnehin scheiden lassen. Sie hatten an einer Computerfirma zu gleichen Teilen Anteil, obwohl er nach außen hin als Firmenchef auftrat. Gospoza Lehman hörte gerüchteweise, daß ihr Mann auf Vesa sich heimlich mit jemandem treffen und Betriebsgeheimnisse verkaufen wolle. Damit wäre ihr Anteil an der Firma wertlos geworden. Deswegen engagierte sie uns. Wir sollten ihn beobachten und dafür sorgen, daß es zu keinen derartigen Geschäftsabschlüssen käme.«

»Aber hätte er sich damit nicht ins eigene Fleisch geschnitten? Wenn die Firmenanteile wertlos wurden, hätte er sich doch selbst geschädigt?«

»Er hatte unter mehreren Namen bereits die verschiedensten Beteiligungen aufgekauft. Wir hatten jedenfalls den Eindruck, daß er glaubte, sich ein derartiges Vorgehen auch leisten zu können.«

»Haßt er denn seine Frau so sehr?«

»Bei den ersten Scheidungsterminen hat er sie der mehrfachen ehelichen Untreue bezichtigt. Sie hat keine einzige Anschuldigung bestritten, soviel ich weiß.« Myerson hatte dies alles auf völlig unbeteiligte Art und Weise ausgeplaudert: Gospoza Lehman hatte seine Zeit und seine Dienste gekauft, nicht aber seine Loyalität.

Yvette überdachte diese letzte Entwicklung der Dinge. Sosehr dies alles für sie unerwartet kam, so ergab es doch einen Sinn. Myersons Leute waren also in erster Linie hinter Dak her gewesen. Sie hatten Yvette weiter keine Beachtung geschenkt, bis sie sich mit dem Mann zu verabreden begann, den sie beschatteten. Auch dann gingen sie sehr behutsam vor und versuchten ihr erst Angst zu machen, als sie fürchteten, ihre Beziehung zu Dak könnte zu eng werden. Sie wußte, daß die drei sie in ihrer Suite damals hätten kaltblütig ermorden können, wenn sie gewollt hätten.

Und sie entsann sich all der kleinen Ungereimtheiten in Daks Verhalten. Als sie ihn nach Frauen in seinem Leben gefragt hatte, war er der Frage geschickt ausgewichen – und sie hatte gleich gewußt, daß er da etwas zu verbergen hatte. Und dann die kleinen, schlecht verhüllten Anläufe, die er unternahm, sein Zögern inmitten der Unterhaltung, als wolle er ihr ein Geheimnis anvertrauen, fürchte sich aber davor. Eine Ehefrau – eine gemeine, rachsüchtige, ungetreue Frau daheim auf Largo –, das war also die Last gewesen, die ihn bedrückte, während er einer hübschen Witwe an Bord der »Kaiserin Irene« den Hof machte!

Je länger sie darüber nachdachte, desto klarer wurde ihr, daß Myersons Geschichte höchstwahrscheinlich auf Wahrheit beruhte. Verdammt, dachte sie, hatte sie doch so sehr gehofft, er würde sich als einer der Mörder entpuppen. Nur zu gern hätte ich ihm eine Abreibung verpaßt.

»Und was ist mit Lehman jetzt?« fragte sie so gleichgültig wie möglich. »Warum ist er aus seinem Hotel ausgezogen?«

»Da wissen Sie ebensoviel wie ich. Als letztes sah Lansky ihn in Gesellschaft eines Bekannten, den er in einem Kasino kennenlernte, einen Jit besteigen. Lansky hörte etwas von einer Privatparty, wußte aber nicht wo. Er versuchte auf der Spur zu bleiben, aber diese verdammten Jits sind so schnell, daß er sie aus den Augen verlor. Und heute morgen entdeckten wir, daß er verschwunden ist und alle seine Habe mit sich nahm – was bedeutet, daß ich in diesem Fall mein Honorar einbüße. Gospoza Lehman wird nicht zahlen wollen, weil wir ihn aus den Augen verloren haben.«

Er sah Yvette direkt an. »Wenn Sie mich fragen, so wurden wir beide hereingelegt. Ich glaube, er traf seinen Kontaktmann und verschwand im wahrsten Sinne des Wortes bei Nacht und Nebel, und wir stehen mit leeren Händen da.«

»Meinen Sie?« sagte Yvette zynisch. »Ich jedenfalls glaube, Sie und Ihre zwei Freunde täten gut daran, Vesa schleunigst zu verlassen, egal mit welchem Ziel! Ich habe Ihren Stunner und weiß damit umzugehen. Das nächste Mal, wenn ich eure häßlichen Visagen sehe, mache ich davon Gebrauch, verlassen Sie sich darauf!« Sie verstaute den Hypospray wieder in ihrem Absatz, drehte sich um und verließ das Zimmer. In Sekundenschnelle stand sie im Lift und ließ sich in den siebenten Stock bringen. Falls Myerson sie suchte, würde er sie eher in der Empfangshalle vermuten.

Der Gang im siebenten Stock war das genaue Ebenbild seines Gegenstückes im vierten Stock. Sie steckte den Stunner des Detektivs in die Tasche und begann den Gang entlang auf und ab zu laufen, wie sie es bei ihrem Bruder so oft gesehen hatte. Jules hatte immer behauptet, er könne, mit den Beinen in Bewegung, besser nachdenken. Nachdem Yvette es eine Weile versucht hatte, ihm gleichzutun, kam sie zu dem Schluß, daß dabei ihre Füße nur ermüdeten, ohne daß das Gehirn hieraus Vorteil gezogen hätte. Schließlich setzte sie sich mit gekreuzten Beinen auf den Boden und lehnte sich an die Wand.

Myersons Theorie wäre an sich logisch gewesen, wenn die Situation nur so beschaffen gewesen wäre, wie er sie sah. Aber Yvette wußte mehr. Daks Verschwinden paßte nur allzugut in das Schema, das sich im Verlauf der vergangenen zwanzig Jahre entwickelt hatte. Ein Tourist trifft auf Vesa ein und verschwindet, ohne abgefahren zu sein. Sämtliche Habseligkeiten verschwinden mit ihm. Natürlich war es immerhin möglich, daß Dak Lehman unter falschem Namen einen Platz gebucht hatte, weil er merkte, daß er beschattet wurde ... aber sein Verschwinden paßte nur zu gut zu den anderen Fällen. Darauf kam sie immer wieder zurück. Schließlich konnten nicht alle anderen Vermißten Betriebsgeheimnisse verkauft haben!

Yvette seufzte. Zu sehr hatte sie gehofft, in Myerson und dessen Konsorten die Mörder gefunden zu haben. Es hätte so viele Probleme gelöst und sie auf neue Fährten gebracht. Sie wollte dem Chef über Myerson berichten. Man würde ihm seine Lizenz wegen unehrenhaften Verhaltens entziehen. Aber im Moment stand sie wieder am Ausgangspunkt. Dak war verschwunden, sie selbst hatte man nicht angetastet, und sie besaß nicht den geringsten Hinweis, wer für das Geschehene verantwortlich war.

Nicht den kleinsten Hinweis!

IX

Eine Flucht, die keine war

Jules kehrte nach seinem knappen Entkommen aus dem Lagerhaus gar nicht mehr in sein Hotelzimmer zurück. Es wäre glatter Selbstmord gewesen, das wußte er. Diejenigen der Chandakhari, die seine Arbeitskollegen waren, hatten ihn bei dem Handgemenge sicher erkannt. Sie konnten nun mit Leichtigkeit in seinen Personaldokumenten am Arbeitsplatz nachsehen und seine Adresse feststellen. Im Geiste schrieb er das Zimmer als einen Verlustposten ab. Zum Glück hatte er dort nichts Wichtiges zurückgelassen, und man würde keine Anhaltspunkte über seine wahre Identität finden. Die tatsächlich wichtigen Sachen steckten in einem Schließfach des Raumflughafens.

Kaum war er aus dem Lagerhaus ins Freie getreten, konnte er ein Jit aufhalten und war schon in einem der Verkehrstunnels verschwunden, ehe auch nur einer seiner Verfolger das Gebäude verlassen hatte. Für den Augenblick war er sicher, konnte es aber nur bleiben, solange er seinen Gegnern ein paar Nasenlängen voraus war. Er lehnte sich im Jit zurück und ließ sich durchschaukeln, was seinen noch immer von Wogen Adrenalins durchpulsten, erregten Körper beruhigte. Als er den physischen Teil seines Ichs endlich beruhigt hatte, wandte er sich dem geistigen zu.

Keine Frage, Georges duChamps mußte verschwinden. Zwar ließ er Laz Fizcono nur sehr ungern im Stich, da der Vorarbeiter ohnehin knapp an Leuten war, aber seine Pflichten dem Empire gegenüber hatten Vorrang. Er durfte sich jetzt nicht mehr auf dem Arbeitsplatz zeigen, wenn er nicht einen »Unfall«, wie ihn Rask erlitten hatte, heraufbeschwören wollte.

Es stand ebenfalls fest, daß er Vesa verlassen mußte. Die Mörder unterhielten eine ausgedehnte, den ganzen Mond umfassende Organisation und würden es nicht dulden, daß man sie bespitzelte. Bei der Suche nach ihm würde man auf Vesa das Unterste zuoberst kehren, und da sein desplainianischer Körperbau sehr auffällig war, gab es eigentlich keine Verkleidung, die ihm Anonymität gesichert hätte.

Er spielte mit dem Gedanken, sich wieder mit Yvette zusammenzutun, jetzt, da seine getarnte Existenz in der unteren Schicht der vesanischen Gesellschaft aufgedeckt worden war. Er wußte, wo sie wohnte und hätte leicht mit ihr in Verbindung treten können. Der Gedanke daran, wieder mit ihr zusammenarbeiten zu können, erwärmte ihn. Sie hatten einander immer sehr nahegestanden und waren als Team absolute Spitze, wenn sie einander ihre Ideen wie Bälle zuspielten. Und da die Mörder jetzt so scharf hinter ihm her waren, konnten sie ihnen vielleicht gemeinsam eine Falle stellen und wenigstens einen der Schurken festnehmen, der sie – nach einem Schuß Nitrobarb – zu den anderen Bandenmitgliedern hinführen würde.

Doch nach kurzer Überlegung entschied er sich dagegen. Yvette steckte mitten in ihren eigenen Nachforschungen. Sie verfolgte eigene Ziele und hatte sich eine eigene Rolle zugelegt. Es wäre nicht fair, wenn er sich jetzt in ihre Arbeit einmengte und sie störte, nur weil er seinen eigenen Auftrag vermasselt hatte. Sie waren ja zu dem Entschluß gekommen, das Problem von zwei Seiten anzugehen, in der Hoffnung, es auf diese Weise schneller lösen zu können. Diese Strategie war noch immer vernünftig, wenn er sich von nun an richtig verhielt.

Überdies hatte er bei seinem Aufenthalt in der Lagerhalle eine wichtige Erkenntnis gewonnen: Jeder einzelne der dort versammelten Mörder war ein Mann von Chandakha. Offenbar gab es eine bestimmte Art und Weise, diese Leute für die Bande anzuwerben, und ebenso offensichtlich geschah diese Anwerbung auf Chandakha. Die Säuberungsaktion gegen die Mörder auf Vesa würde zu nichts führen, solange man die Brutstätte unberührt ließ. Chandakha hieß also sein nächstes Ziel.

Er ging zum Flughafen, holte seine Sachen aus dem Schließfach und mietete sich in einem Hotel in der Nähe ein. Sobald er allein und ungestört war, ging er an das Videophon seines Zimmers und meldete ein interstellares Gespräch mit einer höchst geheimen Nummer auf Chandakha an.

Nach einer Minute war die Verbindung da und auf dem Bildschirm erschien das Gesicht einer sehr attraktiven Dame. Auch sie schien eine Eingeborene von Chandakha zu sein. Die dunkle Hautfarbe, die braunen Augen und das lange, schwarze, leicht mit Grau durchsetzte Haar deuteten darauf hin. Feine Linien in ihrem Antlitz zeugten von großer Belastung und Verantwortung, unterstrichen jedoch ihre Schönheit eher, als sie zu beeinträchtigen. Ihr Alter mochte irgendwo zwischen fünfunddreißig und sechzig liegen, eine genauere Schätzung war unmöglich. Das mußte Marask Kantana sein, die Chefin des Geheimdienstes für die Bereiche Chandakha und Vesa.

»Wer spricht?« fragte sie und sah auf ihren Sichtschirm, denn Jules hatte den Videoteil seines Apparates nicht eingeschaltet. »Was wollen Sie?«

Jules sagte nur ein Wort: »Wombat.«

Die Wirkung dieses Wortes auf Kantana war höchst eindrucksvoll. Man hatte sie darauf vorbereitet, daß die Agenten Wombat und Periwinkle in ihrem Bereich Ermittlungen durchführten und daß sie ihnen jede erdenkliche Unterstützung gewähren sollte. Aber selbst wenn man sie darüber nicht informiert hätte, wäre die Wirkung um nichts geringer gewesen:

Diese zwei Codenamen waren innerhalb des Service legendär und verlangten es, daß man mit sofortigem Gehorsam reagierte. Kantanas Miene, eben noch die einer stolzen, befehlsgewohnten Dame, verwandelte sich nun in den Ausdruck absoluter Ergebenheit. »Was kann ich für Sie tun?« fragte sie.

»Ich befinde mich momentan auf Vesa und muß unbeobachtet nach Chandakha gelangen. Der Raumhafen wird überwacht. Was schlagen Sie vor?«

»Mein Privatschiff«, sagte Kantana ohne Zögern. »Ich könnte für einen Tag nach Vesa fliegen, und Sie könnten in meinem Koffer zurückkommen – zumindest, bis wir Sie sicher an Bord gebracht haben.«

»Sehr schön.« Jules fand diese Frau auf den ersten Anhieb sehr sympathisch. Sie besaß rasche Auffassungsgabe und traf ohne jede Umständlichkeit die richtige Entscheidung, wie es bei einem Amt wie dem ihrigen nottat. Kein Wunder, sagte sich Jules, daß der Chef von ihr eine so hohe Meinung hat.

Sie besprachen noch die Einzelheiten der Abholaktion in verschlüsselten Sätzen, obwohl Jules stark bezweifelte, daß die Mörderbande die Möglichkeit hatte, dieses Gespräch abzuhören und zu verstehen. Diese Leute hatten bis jetzt keine Neigung gezeigt, auf höherer, politischer Ebene mitzumischen, hatten es vielmehr vorgezogen, ihre Untaten so viel wie möglich im stillen und geschäftsmäßig abzuwickeln. Nach Beendigung des Gespräches lehnte Jules sich auf sein Bett zurück, um auszuruhen und weiter zu überlegen.

Sechs Stunden später machte Gospoza Kantanas Privatschiff auf Vesa fest. Sie schaffte ihr Gepäck, einen kleinen Reisekoffer und einen riesigen Schrankkoffer, in ihr Hotelzimmer, das ständig für ihre regelmäßigen Besuche auf dem Mond reserviert war. Sie ließ die Sachen in ihrem Zimmer und begann eine mehrstündige Tour durch die Kasinos. Als sie zurückkam, wurde sie bereits von Jules erwartet. Sie bedachte ihn mit einem höflichen Kopfnicken und setzte sich in einen Sessel in der Zimmerecke. Es lag jetzt an Jules, das Gespräch zu eröffnen.

»Ich habe inzwischen das hier durchgearbeitet«, begann er und hob einen Stapel Tonbänder hoch. Er hatte gebeten, daß sie sämtliche Unterlagen des Service, die über seine Arbeitskollegen von Chandakhar vorhanden waren, mitbrächte. »Ich glaube, ich konnte bei diesen Leuten gewisse Gemeinsamkeiten entdecken und möchte Ihren Rat in dieser Frage.«

»Meine Dienststelle steht Ihnen, wie Sie wissen, voll und ganz zur Verfügung.«

»Nun – jeder dieser Männer hatte eine Menge von Vorstrafen, bevor er nach Vesa kam. Jeder kommt aus einer großen Familie, deren alleiniger oder wichtigster Ernährer er war – sogar Radapur, der erst zwanzig ist.«

»Aber keine dieser Tatsachen ist auf Chandakha ungewöhnlich«, sagte sie sachlich. »Unser Planet stellt keinen angenehmen Aufenthaltsort dar. Es ist eine tropische Welt, von deren fünf Kontinenten nur einer von Menschen bewohnt wird. Alle übrigen sind wahre Höllen – Brutstätten von Insekten, Seuchen. Und auch dieser eine bewohnte Kontinent wird in regelmäßigen Abständen von Unwettern, Stürmen, Überschwemmungen und Insektenschwärmen verwüstet.

Der Bürokrat, der auf die Idee kam, Chandakha zu besiedeln, hatte auch gleich ein Patentrezept zur Hand, nämlich, daß die Besiedlung am besten durch solche Menschen zu erfolgen habe, die an solche Probleme bereits gewöhnt waren. Als Folge davon rekrutierte sich der Großteil der Kolonisten – auch meine Vorfahren gehören dazu – aus dem indischen Subkontinent der Erde und wurde hierher verpflanzt. Dabei wurden manche unserer Sitten und Gebräuche übernommen, andere wurden fallengelassen und neue geschaffen. Das Kastensystem, das in Indien auch nach seiner offiziellen Abschaffung weiterbestand, existiert bei uns kaum noch, obgleich man da und dort noch manchmal auf seine Spuren stoßen kann. Aber eines der Probleme, das hier sofort wieder Wurzeln schlug, war das gewaltige Bevölkerungswachstum, das wir im zweiundzwanzigsten Jahrhundert fast gestoppt hatten. Und jetzt haben wir es ärger als zuvor.

Es ist nicht ungewöhnlich, daß ein Ehepaar bei uns zwanzig oder fünfundzwanzig Kinder hat. Und dank der Fortschritte der modernen Medizin überleben die meisten. Zunächst gab es noch genügend Land und man konnte sich ausbreiten, aber inzwischen sind drei Jahrhunderte vergangen. Der Landbesitz der einzelnen Familien wurde immer mehr zerstückelt, und jetzt kann die Durchschnittsfamilie sich kaum noch davon ernähren.

Viele Menschen, des Daseins als Bauern überdrüssig, ziehen in die Städte. Aber dort ist es noch ärger. Wir haben kaum eine Industrie, da alle Rohstoffe des einen Kontinents unmittelbar zu unserer Ernährung herangezogen werden und die anderen Kontinente nicht erschlossen werden können. Es herrscht Arbeitslosigkeit, das Volk muß aber trotzdem leben. Es bleibt ihnen oft nur die Verbrecherlaufbahn. Man schätzt, daß mindestens einer unter zehn auf Chandakha seinen Unterhalt auf ungesetzliche Weise verdient. In den Städten liegt die Quote sogar bei vier von zehn.«

Jules war über die dargelegten Verhältnisse fassungslos. »Aber wen bestehlen sie denn?«

»Die Anständigen. Sie bestehlen einander, jeder bestiehlt jeden.« Kantana hatte das ohne Anzeichen innerer Bewegung gesagt, ihre wahren Gefühle konnte man aber an ihren Blicken ablesen. Dies hier war eine Frau, die sich Mitgefühl bewahrt und lange unter der Last der Probleme ihres Volkes gelitten hatte, obwohl sie – in ihrer hervorragenden Stellung als Chefin der örtlichen SOTE – daran hätte vorbeigehen können.

Jules schüttelte den Kopf. »Kaum zu glauben, daß heutzutage im Imperium noch derartige Bedingungen herrschen sollen! Der Kaiser kann diese Dinge doch nicht einfach laufenlassen.« Er entsann sich seiner Begegnung mit Seiner Kaiserlichen Majestät, Stanley X. – einem schon alten Mann, der aber klaren Sinnes über das Wohl des Volkes wachte.

Kantana sagte ohne Bitterkeit: »Der Kaiser ist ein vielbeschäftigter Mann und ist zudem weit weg. Chandakha ist ein politisch friedlicher Planet und stellt für ihn oder das Imperium keinerlei Bedrohung dar. Wenn ein Mensch mehr als 1300 Planeten regiert, muß er sein Augenmerk den jeweiligen Krisenpunkten widmen. Dabei werden die stiller schlummernden Probleme übersehen. Außerdem ist das Problem erst in den letzten fünfzig Jahren entstanden. Wir wurden von einer Reihe unfähiger Herzoge regiert, die herumexperimentierten, ohne nennenswerte Ergebnisse zu erzielen. Der gegenwärtige Herzog ist erst dreizehn . . .« Sie hielt unvermittelt inne. »Ach – es tut mir leid, Sie sind ja nicht gekommen, um sich meine oder Chandakhas Probleme anzuhören. Sie müssen – wir müssen – einen Fall lösen und je eher wir uns daranmachen, desto besser.«

Jules verdrängte den Schock, den ihm die Schilderung der Lebensbedingungen auf Chandakha beschert hatte. Kantana hatte recht. Sie hatten jetzt anderes zu tun. »Ich bin der festen Meinung«, sagte er, »daß die Anwerbung dieser Männer nach einem ganz bestimmten Programm abläuft. Diese Verschwörung sucht sich Leute aus, die bereits kriminelle Neigungen zeigten und große Familien erhalten müssen – Männer, deren Lage so verzweifelt ist, daß sie für Geld alles tun. Man kann sie so weit bringen, zu solcher Gefühllosigkeit gegenüber allem und jedem heranbilden, daß sie sich zu allem bereit finden, auch zu Mord in großem Stil, wenn nur entsprechender Lohn winkt.«

»In dieser Hinsicht stellt Chandakha wirklich ein Paradies für solche Anwerber dar«, gab ihm Kantana recht. »Die Schwierigkeit für den Anwerber besteht nur darin, unter der fast unbegrenzten Zahl von Kandidaten die richtige Wahl zu treffen.«

Jules dachte angestrengt nach. »Dann müssen wir eben dafür sorgen, daß aus mir ein hundertprozentiger Kandidat wird.«

Vor seiner Abreise ließ Jules per Telefon eine Anzeige in die wichtigste Tageszeitung einrücken:

Chandakha lockt mit Sirenengesang
Die Eingeborenen voll Tätigkeitsdrang.

Frenchie.

Yvette würde daraus entnehmen, daß ihr Bruder sich auf Chandakha befand und daß Chandakhari in die Angelegenheit verwickelt sind. Ihm lag diese Art von Geheimnistuerei zwar gar nicht, aber Yvette hatte ihren eigenen Nachforschungen, unabhängig von ihm, nachzugehen und er wollte sie dabei nicht stören. Jetzt würde sie wenigstens wissen, daß er wohlauf war, und sollte sie weitere Fragen haben, konnte sie sich an Kantana wenden, wie auch er es getan hatte.

Der Transport zu Kantanas Raumschiff verlief ohne Schwierigkeiten. Jules wurde in den großen Schrankkoffer gesteckt und über die Fahrgastrampe an Bord geschafft. Er bekam dabei zwar ein paar unsanfte Stöße ab, aber er blieb von eventuellen Spitzeln unentdeckt. Während des kurzen Fluges nach Chandakha, bei dem Kantana selbst das Schiff steuerte, besprachen sie die Einzelheiten seiner bevorstehenden Verwandlung in einen der führenden Gesetzesbrecher des Planeten.

Dabei waren die physischen Probleme die schwierigsten. Jules' hellbraunes Haar, die helle Haut und die grauen Augen waren zu auffällig, aber Kantana versicherte ihm, daß ihre Make-up-Experten Haut und Haare so färben könnten, daß die Wirkung mehrere Wochen lang anhielt. Augenspezialisten des Service konnten außerdem seine Augen vorübergehend auf ein passenderes Braun eintönen. Und was seinen Körperbau betraf, so beruhigte ihn Kantana, daß die Standardkleidung auf Chandakha aus einem losen, kaftanähnlich geschnittenen Gewand bestünde und seine desplainianischen Proportionen darin verhüllt würden. Durch Einnahme bestimmter wasserspeichernder Pillen konnte Jules erreichen, daß seine Muskeln wie schwammiges Fleisch aussahen. Im Schlaf abgehörte Tonbänder vermittelten ihm den einheimischen Dialekt innerhalb von sechs Nächten.

Kantana, mit der kulturellen Struktur des Planeten sehr vertraut, erfand einen für Jules' Herkunft passenden Hintergrund. Er würde als Har Koosman auftreten, Alter achtundzwanzig, Familienvater mit Frau und neun Kindern. Sein bisheriges Leben hatte er in Calpuna, der zweitgrößten Stadt des Planeten, verbracht und war seit seinem sechzehnten Lebensjahr regelmäßiger Gast in den Gefängnissen. Kantana konnte die betreffenden Unterlagen fälschen, die Polizei würde bei der Sache mitmachen. Vor zwei Monaten war er ernsthaft in Schwierigkeiten geraten, als er einen Einbruch auf dem Besitz des Barons von Calpuna wagte und Juwelen raubte. Er wurde entdeckt und gefaßt – aber erst, nachdem er bei seinem Fluchtversuch zwei Wachtposten des Barons getötet hatte. Er mußte eine Weile in Einzelhaft in Calpuna verbringen, dann glückte ihm ein Ausbruch. Man hatte ihn abermals gefaßt und das Service, das auf Verlangen des Barons eingeschaltet wurde, kam der örtlichen Polizei zu Hilfe. Koosman wurde sodann in das kaiserliche Gefängnis in Bhangora, der größten Stadt, überstellt, in dem die Sicherheitsvorkehrungen strenger waren. »Und«, wie Kantana hervorhob, »wo kein Mensch einen Verbrecher aus Calpuna kennen würde.«

Har Koosman lief ungeduldig in der Zelle auf und ab. Man hatte ihn mit einem Mann namens Passar zusammengelegt, einem kleinwüchsigen Kerl Anfang Vierzig, mit einem Wieselgesicht und mit Augen, die im Laufe eines Verbrecherlebens hart geworden waren. »Passar hat Verbindungen zur ganzen Unterwelt«, hatte Kantana zu Jules gesagt. »Wenn der nicht weiß, wie man Sie den Anwerbern zuspielt, dann weiß es niemand.«

»Ich muß hier raus«, murmelte Jules, ohne bei seinem Aufundabwandern in der Zelle innezuhalten. Jetzt drehte er sich um und sah Passar an. »Du kennst dich hier in der Gegend besser aus als ich. Du mußt wissen, wie man hier rauskommt.«

Der Ältere stieß ein verbittertes Lachen aus. »Wäre ich noch da, wenn ich es wüßte?«

»Es muß einen Weg geben. Kein Gefängnis ist ausbruchssicher.«

»Stimmt, Towarisch. Manchen ist der Ausbruch von hier geglückt. Aber die haben monatelang den Plan dazu ausgebrütet. Du bist erst heute morgen eingeliefert worden, was willst du da erwarten?«

Jules schüttelte den Kopf. »Ich habe eine Frau und neun Kinder, zwei betagte Eltern und einen Schwager – und sie alle werden von mir ernährt. Ich bin allein in einer fremden Stadt, in der mich niemand kennt und stehe unter Mordanklage. Was soll ich bloß tun?« Jules hockte sich auf den Rand der primitiven Pritsche und begrub das Gesicht in den Händen.

»Ich sage dir, was du nicht tun wirst«, sagte Passar, den die Sache langweilte. »Du wirst mich gefälligst nicht mehr wie eine Jammerliese mit deinen Problemen anöden. Seit dreißig Jahren sehe ich die Gitter abwechselnd von innen und außen. An meiner Schulter haben sich so viele ausgeweint, daß sie ständig feucht ist. In jeder einzelnen Zelle in diesem Bau hockt einer, der seiner

Ansicht nach zu Unrecht hier festgehalten wird und eine traurige Geschichte zu erzählen hat. Diese Zelle hier ist drei Meter breit und vier lang. Wenn du hier in Frieden mit mir hausen willst, halt gefälligst die Klappe und verschon mich mit deinem Selbstmitleid.«

»Du widerlicher, kleiner Bastard!« Jules tat sich keinen Zwang an. »Du wagst es, so mit mir zu reden! Ich werde dich umbringen!«

Seine kräftigen Hände umschlossen die Kehle des Kleinen. Passar kam es vor, als ließe der Neue seine ganze Kraft in einem Zornesausbruch verströmen, obwohl Jules in Wirklichkeit nur ein Zehntel dessen einsetzte, was in seiner Macht lag. Er wollte Passar keinesfalls töten – der andere sollte es bloß glauben.

Passar blieb noch genügend Luft, um nach Hilfe zu rufen. Er versuchte sich zu wehren, aber Hiebe und Stöße waren viel zu schwach und prallten wirkungslos an seinem Angreifer ab. Jules änderte die Stellung – es sah aus, als wolle er sein Opfer noch besser in den Griff bekommen, er wollte aber damit Passar nur die Möglichkeit verschaffen, mehr Luft in die Lungen zu kriegen. Der wieselhafte, kleine Gauner brüllte jetzt mit zufriedenstellendem Volumen.

»Was geht hier vor?« kam von außen eine Stimme. Ein großer, bulliger Aufseher stand draußen und zielte mit dem Stunner auf die zwei Kampfhähne. Er wollte Jules klar ins Ziel bekommen, aber dann kam ihm die Idee, daß es einfacher wäre, beide kampfunfähig zu machen. Nachher konnte er die beiden in Ruhe trennen.

Aber noch ehe er abdrücken konnte, hatte Jules Passar überraschend losgelassen und zwischen den Stäben hindurch nach dem Aufseher gegriffen. Er packte die Rechte des Mannes und zerrte ihn mit einer einzigen Handbewegung zu sich. Der Mann knallte mit dem Kopf gegen die Metallstäbe und verlor das Bewußtsein. Er wäre schlaff auf dem Boden zusammengesunken, hätte Jules ihn nicht aufrecht gehalten. Der Stunner fiel ihm aus der Hand, doch Jules interessierte sich viel lebhafter für die andere Waffe, mit welcher der Wärter ausgerüstet war – eine Schußwaffe schweren Kalibers. Er faßte mit der anderen Hand zwischen den Stäben hindurch und zog dem Wärter die schwere Waffe aus dem Halfter. Dann erst ließ er den Mann zu Boden plumpsen.

Ohne Zeit zu verlieren, richtete Jules den zischenden Strahl der Waffe auf den Sperrmechanismus der Zelle. Drei Sekunden – und das Schloß war weggeschmolzen. Der DesPlainianer trat gegen die Tür, eignete sich zusätzlich den Stunner an und wandte sich dann an den entsetzten Passar, der auf seiner Pritsche kauernd das Geschehen verfolgt hatte. »Danke«, sagte Jules. »Ich brauchte unbedingt einen Vorwand, um die Aufmerksamkeit des Aufsehers auf uns zu lenken – und echt sollte es auch noch wirken.« Er trat aus der Zelle. »Auf Wiedersehen!«

»Und ich?« rief Passar ihm nach.

Jules zuckte die Achseln. »Die Tür ist offen. Wenn du willst, versuch es.«

Passars Wieselgehirn machte Überstunden. »Allein kommst du hier niemals raus – und ich auch nicht. Du kennst die Anlage nicht und ich wiederum bin unbewaffnet. Gemeinsam haben wir vielleicht eine Chance.«

Obwohl Jules so tat, als überlege er noch, war es genau die Reaktion, die er erwartet hatte. Die ganze Ausbruchsszene war Passars wegen inszeniert worden, und der Aufseher hatte mitgemacht. Normalerweise wäre der Aufseher niemals auf Armeslänge an einen Häftling herangekommen und er hätte zuerst mit dem Stunner geschossen und dann Fragen gestellt. Aber der Ausbruchsversuch mußte echt aussehen, damit Passar nicht gleich Lunte roch. Jules brauchte Passar, das stimmte soweit. Aber nicht als Helfer bei der Flucht, wie der andere glaubte, denn Jules hätte ungehindert das Gefängnis verlassen können, dessen Grundriß er auswendig kannte. Er brauchte ihn vielmehr als Legitimation gegenüber den Anwerbern der Mörderbande.

»Karascho – aber beeil dich«, schnarrte er. »Inzwischen muß ja längst der Alarm losgegangen sein.«

»Natürlich – schon im Augenblick, als die Zellentür geöffnet wurde«, sagte Passar und stürzte aus der Zelle. »Da – diese Richtung!«

»Aber der Haupteingang ist doch dort!« protestierte Jules und wies in die entgegengesetzte Richtung. »Ich kann mich erinnern, daß man mich dort hereingebracht hat.«

»Klar – aber das ist genau die Richtung, in der man uns suchen wird. Hier entlang geht es zum Wäscheschacht, dort wird man uns nicht so rasch suchen.« Er zerrte an Jules' Ärmel. »Los jetzt.«

Jules folgte dem Wiesel den Zellenkorridor entlang. Sie kamen an unzähligen Häftlingen vorüber, die ihre Flucht in aller Ruhe mit ansahen. Einige wünschten Jules mit emporgereckten Daumen alles Gute und viel Erfolg. Kein einziger schlug Krach und gefährdete ihre Fluchtchancen. So festgefügt war die Kameradschaft im Gefängnis.

Aus dem vor ihnen liegenden Korridor erklangen Laufschritte. Passar entdeckte eine kleine Nebentür, und sie schlüpften hindurch, eben, als eine Gruppe von Aufsehern am anderen Ende des Ganges auftauchte. Während Jules und sein Gefährte kaum zu atmen wagten, lief der Trupp an ihrem Versteck vorüber und in den Gang, den sie eben verlassen hatten. Passar wartete zu, bis sie sicher sein konnten, daß alle weg wären. Dann stürzten sie aus ihrem Versteck und setzten den Weg fort. Jules blieb ihm dicht auf den Fersen und schwenkte bedrohlich seine Waffen.

Und dann standen sie vor der Wäscherutsche. Passar öffnete die Klappe und ließ sich ohne Zögern hinuntergleiten. Wieder folgte ihm Jules dichtauf. Gemeinsam rutschten die beiden die metallene Rutschbahn hinunter und landeten mit einem leisen Aufprall inmitten eines Haufens stinkender, alter Uniformen der Gefängnisaufseher. Sie kletterten hastig aus dem Auffangbehälter und sahen sich um. Passar war es, der entdeckte, was sie brauchten – einige weniger schmutzige Aufseheruniformen, die hier nur einer Schnellreinigung unterzogen werden sollten. Jules fand eine, die ihm paßte und wollte sie gerade überziehen, als ein Posten – zweifellos auch eingeweiht – um eine Ecke bog. Ehe er viel mehr tun konnte, als Überraschung zu äußern, hatte Jules ihm eine leicht dosierte Betäubungsladung verpaßt. Der Mann fiel um, und Jules konnte sich fertig ankleiden.

In Passars Größe gab es keine Uniform, und sie mußten in aller Eile einen neuen Plan entwickeln. »Ich spiele einen Aufseher, der dich in einen anderen Zellenblock überstellt«, sagte Jules. »Wenn wir es richtig anstellen, wird uns keiner eines zweiten Blickes würdigen. Welche Richtung jetzt?«

»Da geht's raus.« Passar deutete auf eine kleine, versperrte Tür, die seitlich aus der Wäscherei herausführte. Ein kurzer Strahlenbeschuß aus Jules' Waffe, und die Tür bildete kein Hindernis mehr. Die zwei betraten den Hof. Passar ein paar Schritte voraus und hinterher Jules, der den Stunner auf ihn gerichtet hielt.

Auf dem Hof herrschte großes Durcheinander. Wärter liefen hin und her und versuchten zu tun, als wüßten sie nicht genau, was sich hier abspielte. In Wahrheit war Jules' und Passars Unternehmen genau abgesprochen und alle Aufsichtsorgane dahingehend informiert worden, daß der Ausbruch beabsichtigt war. Die Hauptsorge der Aufseher war darauf gerichtet, daß sich nicht andere Häftlinge die Lage zunutze machten und ebenfalls einen Ausbruch inszenierten.

Eine Anzahl von Dienstfahrzeugen war auf dem Hof abgestellt. Jules und Passar wählten das ihnen am schnellsten erscheinende.

»Die Tore schaffen wir nie«, murmelte Passar. »Die schließen sich automatisch bei jedem Fluchtversuch und können nur von einer Wachstation aus geöffnet werden.«

»Hör auf zu unken«, fuhr Jules ihn an. »Jetzt bin ich selbst ein Aufseher, und ich habe zwei Waffen.«

Als sie sich dem Tor näherten, sagte er: »Leg dich flach hin, damit dich niemand sieht. Ich habe eine Idee.« Passar tat, wie ihm geheißen und Jules hielt vor den geschlossenen, stählernen Toren an. Ein Posten kam auf ihn zu und erkannte ihn sofort als denjenigen, den er entkommen lassen sollte. Trotzdem mußte die Form gewahrt werden.

»Wohin willst du?« fragte der Posten.

»Der Wachkommandant will, daß ich das Gelände umfahre«, sagte Jules. »Er glaubt, die zwei wären schon außerhalb der Mauern. Ich soll eine Runde drehen und mal nachschauen.« Dabei zwinkerte er dem Mann zu, aber das konnte der am Boden liegende Passar nicht sehen.

Der Posten sagte mit einem unmerklichen Nicken: »Karascho – fahr los!« Er bedeutete seinem Kollegen im Wächterhäuschen, die Tore zu öffnen. Während die riesigen Stahltore aufschwangen, winkte Jules ihm zu und fuhr rasch an. Er fuhr die Mauer entlang, bis er aus dem Blickfeld des Postens war, dann raste er in Richtung auf Bhangora zu, über das offene Land.

Passar rappelte sich auf und setzte sich neben Jules. »Hätte nicht gedacht, daß das klappt«, sagte er. »Ich glaubte immer, man braucht besondere Ausweise, um rauszukommen.«

»Ach was, wir haben die so aus dem Konzept gebracht, daß sie momentan nicht wissen, was sie tun sollen«, log Jules.

»Auf jeden Fall haben wir nicht mehr als ein paar Minuten, dann merken die, daß wir weg sind«, sagte Passar. »Am besten, du legst noch einen Zahn zu. Hier geht's nach Bhangora.« Er zeigte Jules die Richtung und dieser richtete sich gehorsam nach seinen Anweisungen. Von nun an mußte er Passar die Führung überlassen, wenn er an das gewünschte Ziel kommen wollte.

Nach einigen Minuten sagte Passar, der aus dem Heckfenster geschaut hatte: »Wir haben sie im Genick.«

Und so war es. Mindestens ein Dutzend Polizeiwagen hatte die Verfolgung aufgenommen und taten so, als wollten sie die Flüchtlinge wieder einfangen. Jules trat aufs Gas und ihr Fluchtwagen erreichte bald Höchstgeschwindigkeit. Jules' Reflexe waren hervorragend, und er fuhr den Wagen, als wäre er Teil seiner selbst. Er wußte, daß Passar neben ihm mit verkrampften Händen dasaß und Blut schwitzte. So wie es sich auch gehört, dachte Jules und lächelte verstohlen.

Bei einem echten Ausbruch hätte es natürlich Straßensperren gegeben, dazu Helikopter und andere Flugzeuge, welche die Verfolgung aus der Luft aufgenommen und vielleicht sogar kleine Gasbomben abgeworfen hätten. Aber dieser Ausbruch war auf Erfolg vorprogrammiert und durfte nicht zu schwierig gestaltet werden. Gleichzeitig mußten die Verfolgerfahrzeuge so eingesetzt werden, daß es dem mißtrauischen Passar nicht zu einfach vorkäme. Es kam darauf an, daß alles so schnell wie möglich ablief und ihm zum Überlegen keine Zeit blieb. Er würde dann die Ereignisse als echt hinnehmen, wie sie sich eben darboten.

Fünf Minuten lang rasten sie die Landstraße entlang und über weitgestreckte Felder, auf denen Bauernfamilien ihre Felder bestellten. Dann aber hatten sie die Außenbezirke der Stadt erreicht. Die Häuser wurden größer und rückten enger zusammen. Andere Bauten – Fabriken, Läden, Markthallen – tauchten auf. Die Menschen wurden zahlreicher, sie gingen die Straßenränder entlang, schleppten Pakete, betrieben Handel. Trotz der Eile mußte Jules sein Tempo drosseln, um keinen Fußgänger niederzufahren.

»Wir müssen den Wagen schleunigst loswerden«, sagte Passar. »Sonst haben die uns in kürzester Zeit aufgespürt. Aber wir kommen jetzt in eine Gegend, die ich kenne. Da könnten wir unterkriechen, bis der erste Wirbel verraucht.« Er gab Jules Anweisungen, wie er zu fahren hatte.

Nun befanden sie sich mitten in der Stadt, und Jules kroch nur mehr mit seinem Fahrzeug dahin. Die Häuser zu beiden Seiten waren schmutzig und verwahrlost. Zerbrochene Fensterscheiben überwogen die Zahl der intakten. Kinder spielten nackt auf der Straße, und ihr Geschrei und Gezeter hallte in den Häuserschluchten wider. Wäsche hing an Leinen, die über die Straße gespannt waren – oft nur einen oder zwei Meter über den dahinfahrenden Fahrzeugen. Auf diese Weise wurden die Sachen natürlich nie richtig sauber, aber das schien niemanden zu stören.

Die Menschen, die in den Häusern wohnten, waren die Glücklichen. Die Gehsteige waren manchmal zwei oder drei Reihen tief mit Menschen und ihren Habseligkeiten vollgestopft. Zerlumpte alte Decken auf dem Boden dienten manchen als Matratzen. Andere hatten sich einfach auf den hartgetretenen Schmutz oder Lehm gelagert. Am Straßenrand brannten kleine Feuer, über denen in Kesseln ständig irgendeine Brühe brodelte. Überall der Eindruck von Hunger und Apathie. Jules schauderte bei dem Gedanken daran, doch ließ er sich die Abscheu nicht anmerken. Als Har Koosman mußten ihm diese Bilder so wohlvertraut sein wie sein eigenes Spiegelbild.

Schließlich kamen sie an eine Stelle, an der die Straße praktisch unpassierbar wurde. Das Menschengewühl war hier so dicht, daß die Gehsteige überquollen. Die Menschen drängten auf die Fahrbahn und ließen kein Fahrzeug mehr durch. Jules sah Passar ratsuchend an, aber dieser reagierte mit einem Achselzucken. »Von hier an hätten wir ohnehin zu Fuß laufen müssen«, sagte der Ältere.

Jules streifte die Aufseheruniform von seinem Kaftan. Die zwei entsprungenen Häftlinge schwangen sich vom Wagen herunter und ließen ihn mitten auf der Straße stehen, als Beute für jeden Beliebigen. Passar drängte sich als erster durch die Menge, er schlüpfte zwischen den Menschen, die ihm den Weg verstellten, hindurch, als hätte er keine Knochen. Es war offenbar eine besondere Kunstfertigkeit, sich so durchzudrängen, damit aber eine Kunst, die Jules nicht erlernt hatte. Obwohl er es versuchte, trat er doch immer wieder jemandem auf die Füße, in dem Bemühen, mit seinem Gefährten Schritt zu halten. Alle paar Meter mußte er den Körper eines auf dem Gehsteig Schlafenden oder sogar den eines Toten überspringen. Wie es ihm glückte, dabei Passar im Auge zu behalten, war ihm nachträglich immer unklar geblieben. Aber irgendwie gelang es ihm, denn die Verzweiflung verlieh ihm zusätzlichen Ansporn.

Passar sah sich kein einziges Mal um, ob Jules ihm folgte oder nicht. Vermutlich nahm er an, daß Jules sich im Straßengedränge ebensogut zurechtfand wie er. Er bemerkte daher nicht, wie ungeschickt sich sein Begleiter eigentlich dabei anstellte. Andernfalls wäre Jules' Tarnung womöglich schon hier aufgedeckt worden. Passars Aufmerksamkeit war auf zweierlei gerichtet: Erstens wollte er sich in der Menge so gründlich wie möglich verlieren, damit die Polizei ihn nicht finden konnte, und zweitens wollte er endlich zu seinem Versteck.

Schließlich bog Passar von der Hauptstraße weg in eine zwischen zwei Häuserreihen verlaufende Seitengasse ein. Er lief etwa ein Drittel der Länge des Gäßchens entlang, dann stieg er eine kurze Treppe zu einem Kellergeschoß und zu einer dort befindlichen Tür hinunter. Jules hatte sich inzwischen aus der wogenden Menge gelöst und hatte den Älteren mit zusätzlichem

Energieaufwand eingeholt, so daß dieser glaubte, er wäre ihm die ganze Zeit knapp auf den Fersen geblieben.

Passar klopfte zweimal kurz, wartete, pochte abermals, wartete und pochte wieder. Die Tür ging nach innen auf, und Passar und Jules schlüpften in einen verdunkelten Raum. Zunächst konnte Jules überhaupt nichts sehen, da seine Augen an das grelle Sonnenlicht draußen gewohnt waren, doch mit der Zeit gewöhnte er sich an die Dämmerung, und er sah, daß er sich in einem Vorratskeller befand. Der Raum wurde in Längsrichtung von Flaschengestellen eingenommen, zwischen den Reihen standen große Kistenstapel.

»Wo sind wir?« fragte Jules.

»In Sicherheit«, sagte Passar zweideutig. »Mehr brauchst du nicht zu wissen.«

Jules verstand die Andeutung und hielt den Mund. Er vermutete, daß er sich unter einer Bar oder einer Kneipe befand, nach den Flaschenregalen zu schließen. Es mußte sich außerdem um ein Versteck handeln, denn die Tür hatte sich auf Passars Klopfen sofort geöffnet. Somit stand fest, daß das Versteck ständig bemannt war. Auf einem Planeten, auf dem das Verbrechen blühte, hatten die Gauner sicher ein ganzes System von Unterschlupfen aufgebaut. Es war außerdem anzunehmen, daß sie für diese Schlupfwinkel auch einen Preis zu entrichten hatten.

»Ach, du bist es, Passar«, sagte der Mann, der ihnen geöffnet hatte – ein großer, stämmiger Kerl, dessen Gesicht mindestens tausend Kneipenprügeleien hinter sich hatte. »Komisch. Ich dachte, wir würden dich nicht so bald wiedersehen. Wir hörten, daß du in einer sicheren Bleibe gelandet bist, hm?« Er lachte über seinen kleinen Scherz.

Passar lachte mit. »Sieht so aus, als hätte ihnen meine Nase nicht gefallen, deswegen ließen sie mich früher laufen – mich und meinen Freund.« Nach kurzem Zögern sagte er: »Hm, ja, unser Aufbruch war so hastig, daß wir unsere Brieftaschen vergaßen.«

»Ein Jammer«, pflichtete ihm der Türsteher bei. »Gospodin Tuhlman muß davon natürlich in Kenntnis gesetzt werden.«

»Natürlich«, sagte Passar, während der andere den Knopf einer Haussprechanlage drückte. Zu Jules gewandt, sagte Passar: »Keine Bange. Ich kenne Tuhlman gut. Der wird uns nicht rauswerfen. Es gibt immer Gelegenheitsarbeiten, die auf Erledigung warten. Wir können uns den Unterhalt durch unsere Dienstleistungen verdienen. Du wirst sehen, daß es klappt.« Er zwinkerte Jules verheißungsvoll zu.

X

Frage-und-Antwort-Spiele

Nach ihrer Unterredung mit Myerson verbrachte Yvette den größten Teil des Tages damit, auf Vesa umherzustreifen und Ordnung in ihre Gedanken zu bringen. Denk nach, Mädchen, ermahnte sie sich. Du benimmst dich wie ein Schulmädchen! Gib nur acht, daß du deinen klaren Kopf behältst! Denk nach!

Es gab ein schwaches Glied in der Kette der Mordserien, eine Stelle, an der die Mörder an der Oberfläche auftauchen mußten – das Hotel des Opfers. Die Raumschifftickets konnte man telefonisch zu Geld machen und auf ein anonymes Konto überweisen lassen, aber jemand mußte ins Hotel und das Gepäck des Opfers persönlich abholen. Die Mörder mußten sich dazu der Mitwisserschaft einer oder mehrerer Angehöriger des Hotelpersonals versichern, um ein Zimmer so gründlich und rasch ausräumen zu können. Und sie brauchten weitere Helfer, um die Abmeldungen klaglos durchzuführen. Das bedeutete weitverbreitete Korruption innerhalb des Personals aller Touristenhotels auf dem Mond.

Um 01.30 Uhr in jener Nacht betrat sie seelenruhig die Halle des Soyuz-Hotels, in dem Dak gewohnt hatte. Sogar um diese Zeit war die Halle bevölkert. Der Nachtportier tat hinter seinem Tresen Dienst und sortierte die eingegangene Post.

Yvette ging selbstbewußt an den Empfang und ließ bei jedem Schritt den Mantelumhang schwingen. »Hatten Sie gestern abend Dienst?« fragte sie.

»Ja«, sagte der Mann ohne seine Tätigkeit zu unterbrechen.

»Ich habe erfahren, daß ein Mann namens Dak Lehman genau vor vierundzwanzig Stunden das Hotel verlassen hat.«

»Möglich.«

»Mich interessieren die Einzelheiten seiner Abreise.«

»Gospoza, hier kommen und gehen so viele Menschen . . .« Er unterbrach sich abrupt und sah jetzt von seiner Arbeit auf. Yvette hielt den Stunner in der Hand, den sie Myerson abgenommen hatte. Die Mündung war knapp zehn Zentimeter vom Gesicht des Portiers entfernt. Yvettes Körper verstellte den übrigen Anwesenden die Sicht auf die Waffe.

»Was soll das heißen? Überfall?«

»Nein, ich brauche, wie gesagt, einige Informationen, und ich glaube, daß Sie mir diese geben können. Gibt es hier ein ungestörtes Plätzchen?«

»J-ja, da . . . hinten, das Büro«, brachte der Mann hervor, ohne den Blick von der Waffe abzuwenden.

»Gut. Ich schlage vor, wir ziehen uns sofort dorthin zurück. Außerdem schlage ich vor, daß Sie sich sämtlicher plötzlicher Bewegungen enthalten. Ich bin von Natur aus sehr nervös, und dieser Stunner ist auf Stufe acht eingestellt. Sie würden tagelang gelähmt sein, vielleicht sogar dauernd ein Krüppel. Sicher wollen Sie das nicht – oder?«

»Nein, nein, natürlich nicht«, versicherte der Mann. »Folgen Sie mir bitte.«

Er führte sie in ein kleines, aber gut eingerichtetes Büro hinter dem Empfang. Sie schloß die Tür und bedeutete ihm, sich zu setzen. Während er dieser Aufforderung nachkam, zog sie ein Stück Schnur aus der Tasche und machte sich daran, ihn sorgfältig festzubinden.

»Jetzt haben wir das Vorspiel hinter uns, und ich kann Ihnen die Spielregeln erklären«, sagte Yvette kühl. »Ich stelle die Fragen, und Sie liefern mir die Antworten. Sie haben drei Alternativen – Sie können lügen, nichts sagen oder die Wahrheit sagen. Ich habe ebenfalls drei Möglichkeiten – ich kann glauben, was Sie sagen, Sie dorthin treten, wo es am schmerzhaftesten ist, oder meine Waffe benutzen. Sehr einfache Regeln, stimmt's?«

Der Mann schwitzte aus allen Poren und konnte nur mit einem Kopfnicken antworten.

Yvette hatte noch eine vierte Alternative parat, nämlich die in ihrem Schuh versteckte Nitrobarbdosis. Aber die Anwendung bei einem solch kleinen Rädchen innerhalb der Mordmaschinerie schien unzweckmäßig. Man benutzt keine Strahlwaffe, um auf Mücken zu schießen.

»Schön – dann können wir beginnen. Hat Dak Lehman sich gestern tatsächlich abgemeldet?«

Der Mann benetzte die Lippen mit der Zunge. »Ich kann Ihnen das Register zeigen, das . . .«

»Das habe ich gestern nachmittag gesehen. Damit wird nichts bewiesen. Aber Sie waren da, Gospodin. Meldete sich Dak Lehman persönlich aus dem Hotel ab?«

Der Mann war festgenagelt und wußte es. Diese wildgewordene junge Dame fackelte nicht lange. »Nein, persönlich nicht. Ein Freund erledigte das für ihn.«

»Ach – ein Freund? Ist dieser Freund auch aufs Zimmer gegangen und holte Gospodin Lehmans Gepäck?«

»Ja, außerdem bezahlte er die Rechnung. Sehen Sie – er hatte einen Schlüssel, und ich dachte mir, es geht in Ordnung.«

»Ja, kann ich mir denken. Dieser Freund – hatten Sie ihn schon einmal gesehen?«

»Wie meinen Sie das?«

»Ich bin es, die hier Fragen stellt. Ich hätte gedacht, es wäre vollkommen klar, was ich gemeint habe.«

Sie hob einen Fuß ganz allmählich, als bereite sie sich auf einen Tritt gegen eine höchst empfindliche Stelle vor. Der Mann beobachtete sie voll Nervosität.

»Hm, ja, ich hatte ihn schon mal gesehen.«

Yvette legte den Kopf schief. »Die Unterhaltung mit Ihnen ist ziemlich mühsam. Ich glaube, wir führen eine neue Spielregel ein. Sie heißt ›Vollständigkeit der Antwort‹ und funktioniert so, daß Sie sich bemühen, jede Frage vollständig zu beantworten, damit ich nicht ein Dutzend Fragen stellen muß, um die ganze Geschichte herauszubekommen. Jedesmal, wenn die Antwort nicht so umfassend ist, wie ich es möchte, habe ich für Sie eine unangenehme Überraschung parat. Also – möchten Sie meine letzte Frage etwas eingehender beantworten?«

Der Ärmste schwitzte Blut. »Ja, ich kannte ihn. Er kommt ziemlich regelmäßig – zwei-, drei-, manchmal viermal pro Woche. Aber ich weiß nicht, wie er heißt, ehrlich.«

»Und jedesmal meldet er Leute ab?«

»Immer«, nickte der Mann. »Als erstes kommt er immer mit dem ganzen Gepäck zum Empfang. Er gibt den Schlüssel zurück und bezahlt die Rechnung in bar. Solange die Rechnung stimmt, kümmert es das Hotel nicht, wer die Gäste abmeldet.«

»Kann ich mir denken. Aber das muß schon ein bemerkenswert netter Bursche sein, weil so viele Menschen ihm ihr Gepäck anvertrauen, finden Sie nicht auch? Nein – das müssen Sie nicht beantworten –, das war, wie man sagt, eine rein rhetorische Frage. Aber sagen Sie eines: Finden Sie es nicht auch merkwürdig, daß er das so häufig tut?«

»Ja, finde ich. Aber ich finde auch, das geht mich gar nichts an.«

»Und wieviel zahlt der Mann Ihnen, damit Sie finden, es ginge Sie nichts an?«

»Jedesmal fünfzig Credits. Aber hören Sie, ich muß eine Familie ernähren, ich brauche . . .«

»Die Antwort wird zu ausführlich, danke. Ihre persönlichen Probleme gehen mich nichts an, obwohl mich Ihre Moral interessiert.« Sie sah dem Mann unverwandt in die Augen. »Sie wissen doch sicher, was mit all diesen Gästen passiert – nicht? Mit denen, die sich nie persönlich abmelden?«

Der Portier holte ausgiebig Luft. Es hatte keinen Sinn, etwas zu verschweigen – diese Frau wußte ohnehin fast alles. Sie spielte mit ihm Katze und Maus und schien jede kleine Drehung der psychologischen Klinge zu genießen, die sie in ihn hineingejagt hatte. »Ja«, sagte er seufzend. »Sie werden ermordet. Das gehört hier auf Vesa zu den Tatsachen des Lebens, und die meisten nehmen es hin. Schließlich geht es nur den Touristen an den Kragen, niemals uns Einheimischen. Wir nehmen es hin.«

»Hinnehmen ist eines – aber Sie helfen ja direkt mit. Welche Gefühle haben Sie diesbezüglich? Wie können Sie nach Hause zu Frau und Kindern gehen, die Sie gewiß lieben, und dabei wissen, daß Sie bei der Ermordung Unschuldiger die Hand im Spiel haben? Wie können Sie Ihrer Familie in die Augen sehen?«

Der Mann versuchte trotz der Fesselung ein Achselzucken. »Wenn ich es nicht mache, macht es ein anderer. Warum soll ausgerechnet ich mir das Geld entgehen lassen?«

Yvette seufzte niedergeschlagen. Diese Überlegung existierte, seitdem es moralische Feiglinge gab. Vermutlich gab es in jedem Hotel auf Vesa mindestens einen bestechlichen Portier. Es hatte keinen Sinn, diesen Punkt weiterzuverfolgen. Seinem begrenzten moralischen Horizont nach hatte der Mann nichts Unrechtes getan. Sie entschloß sich, das Thema zu wechseln. »Hat Ihnen die Polizei wegen dieser verschwundenen Gäste nie Fragen gestellt?«

»Nein, warum auch? Die hat Anweisung, sich nicht einzumischen.«

Anweisung? Das brachte Yvette an den Punkt zurück, der schon zu Beginn der Nachforschungsaktion im Büro des Chefs seinerzeit aufs Tapet gebracht worden war. »Es gibt aber nur eine Person, die der Polizei solche Anweisungen geben könnte. Die Markgräfin.«

»Soviel ich weiß, ja. Hören Sie, ich bin an der Sache eigentlich nicht richtig beteiligt. Ich werde nur dafür bezahlt, daß ich mal wegsehe. Ich bin kein Mörder. Ich weiß nichts über die anderen. Ich weiß nur, was man sich so herumerzählt. Gerüchteweise verlautet, die Markgräfin hätte Befehl gegeben, nicht dagegen einzuschreiten. Ehrlich – mehr weiß ich nicht.«

Yvette war geneigt, ihm zu glauben. Dieser Mann spielte eine nur untergeordnete Rolle innerhalb der gesamten Organisation. Er hatte gewiß keinen Zugang zu den internen Machenschaften der Verschwörer. Immerhin hatte er ihr einige Hinweise gegeben und etliche ihrer Vermutungen bestätigt. Es hatte keinen Zweck, ihn weiter auszuquetschen.

»Na schön«, sagte sie. »Ich sage Ihnen jetzt, was ich mit Ihnen machen werde. Weil Sie so brav mitgespielt haben, wird es nicht weh tun.« Der Mann atmete hörbar auf. »Leider muß ich Sie für eine Weile ausschalten, damit Sie niemandem von meinem Besuch erzählen können. Ich stelle diesen Stunner auf Stufe sieben ein. Sie werden etwa sechsunddreißig Stunden außer Gefecht gesetzt und nachher etwas benommen sein, aber bleibende Schäden tragen Sie nicht davon. Trotzdem würde ich vorschlagen, Sie suchen sich einen anderen Planeten und einen anderen Job aus, und zwar rasch, falls Ihnen Ihr Wohl am Herzen liegt – womöglich einen ehrlichen Job.«

Der Mann wollte widersprechen – vergebens. Yvette drückte bereits ab. Der Portier sank reglos in seinem Stuhl zusammen, Yvette stand auf, verstaute den Stunner und schritt unbefangen aus dem Büro.

Sieht aus, als müßte ich direkt an die Spitze, dachte sie. Sie winkte ein Jit herbei und fuhr ins Hotel zurück. Sie wollte ausschlafen, bevor sie am nächsten Tag bei Markgräfin Gindri einen Besuch machte.

Anderswo hätte es der Terminkalender einer so hochgestellten Persönlichkeit, wie es die Markgräfin war, bestenfalls gestattet, Yvette nach zwei oder drei Tagen zu einer Unterredung zu empfangen. In der Adelshierarchie rangierten Markgrafen unter den Herzögen, welche individuelle Planeten regierten. Ein Markgraf war nur Herrscher über einen Kontinent, oder, im Falle Vesa, eines Mondes und mußte ein riesiges Territorium überblicken. Die Verantwortung war enorm und der für Privataudienzen reservierte Zeitaufwand entsprechend gering.

Yvette kannte die Last eines solchen Adelstitels sehr gut. Ihr Vater Etienne d'Alembert war Herzog von DesPlaines. Weil er aber meist mit der Leitung des Zirkus – und dessen verborgenen Aktivitäten für den Kaiser – beschäftigt war, wurde der Planet gewöhnlich von Yvettes älterem Bruder Robert regiert, der als Titelerbe von DesPlaines den nächstniedrigeren Rang innehatte, also Markgraf war. Robert stellte innerhalb der d'Alemberts eine Ausnahme dar – er war ein Mensch, der die stille Last des Herrschens über eine Welt dem aufregenden Wanderleben mit dem Zirkus vorzog, und der Herzog war froh, diese Verantwortung auf die Schultern seines Erben abwälzen zu können. Yvette wußte, wie anstrengend die Regierung eines Planeten war, weil sie ihren Bruder oft bei seiner Regierungstätigkeit hatte beobachten können. Sie war daher darauf gefaßt, in der Markgräfin eine ähnlich vielbeschäftigte Frau anzutreffen.

Statt dessen mußte sie feststellen, daß sie – mit Hilfe einer kleinen Bestechung – den Sekretär der Herrscherin dazu bringen konnte, sie für den folgenden Nachmittag vorzumerken. Sie war darüber ein wenig erstaunt, aber gleichzeitig über die rasche Erledigung erfreut. Dem Sekretär hatte sie gesagt, sie wäre daran interessiert, einen Teil ihres beträchtlichen Vermögens auf Vesa zu investieren, und er hatte ihr mitgeteilt, daß die Markgräfin begierig wäre, Näheres über ihre Pläne zu erfahren.

Yvette fuhr vor und fand den Palast der Markgräfin geschmacklos und aufdringlich, aber sie hatte derartiges erwartet. Ganz Vesa hatte ein solches Gepräge – warum sollte die Herrscherin eine Ausnahme machen? Edelmetalle, kostbare Hölzer und ausgesuchte Marmorarten bildeten den Rahmen, während die alltäglichsten Gegenstände mit Edelsteinen verziert waren. Diese Zurschaustellung von Reichtum und schlechtem Geschmack beleidigte die SOTE-Agentin, doch ließ sie sich von ihren Gefühlen nichts anmerken. Es ist eben nicht jeder in einem Zirkuszelt aufgewachsen, überlegte sie, und Geschmäcker sind eben verschieden.

Als sie schließlich die Gemächer der Markgräfin betreten durfte, fiel es ihr schon schwerer, ihre Gefühle im Zaum zu halten. Die Audienz fand im Salon statt, dem prunkvollsten Raum, den Yvette je gesehen hatte. Der Boden war mit Fliesen in abstraktem Muster ausgelegt, die Wände waren aus braunem Marmor, und die hochgewölbte Decke zeigte ein fast surrealistisches Gemälde von einer Raumschiffschlacht, die nie stattgefunden hatte. Die Bogentüren des Einganges wurden von vier Meter hohen Säulen getragen. Der Raum war vollgepfropft mit Möbeln, alle mit silberbesticktem, rosa Satin bezogen und viel zu weich und üppig gepolstert.

In der Mitte thronte, reich mit Perlen behängt, Markgräfin Gindri, ganze 150 Kilo schwer. Bei der leisesten Bewegung wabbelte die teigige Haut wie eine Schüssel Gelee. Die tiefliegenden Augen erinnerten an Schweinsäuglein, die große Nase war abgeflacht. Sie schien nicht fähig, den Mund völlig geschlossen zu halten.

Neben und ein winziges Stück hinter dem Sessel der Markgräfin stand ein Mann, dessen Gesicht auf Yvette sofort Eindruck machte. Sein Mund wurde von einem braunen Vollbart und einem Schnurrbart betont, den stechenden Augen schien keine Einzelheit zu entgehen. In seinem Blick lauerte raubtierhafte Intelligenz, das spürte Yvette. Der Mann trug eine weiße Tunikajacke und Hosen, ein faustgroßer Smaragd hing an einer goldenen Halskette. In anderer Gesellschaft hätte Yvette ihn für übergewichtig angesehen, doch neben der Markgräfin wirkte er geradezu abgezehrt.

Kein Wunder, daß ihr Terminkalender so leer ist, dachte Yvette. Wer möchte denn wohl mit der etwas zu tun haben wollen?

Sie verbarg ihre Gefühle hinter einer höflichen Maske, knickste und näherte sich auf zwei Meter. Als Tochter eines Herzogs und Schwester eines Markgrafen hatte sie die höfische Etikette im kleinen Finger. Aber Carmen Velasquez sollte ja eine Bürgerliche sein, die trotz ihres Riesenvermögens im Umgang mit der Aristokratie unerfahren war. Deswegen ließ sie ihren Knicks absichtlich linkisch ausfallen und täuschte, wie von der Gegenwart einer Markgräfin beeindruckt, eine Nervosität vor, die ihr in Wirklichkeit vollkommen fernlag. »Euer Hoheit . . .« fing sie stotternd an.

Der neben der Markgräfin stehende Mann berichtigte sie. »Euer Exzellenz«, warf er ein.

»Ach, entschuldigen Sie, Euer Exzellenz. Ich hatte noch nie mit so hohen Würdenträgern zu tun. Ich heiße Carmen Velasquez und ersuchte um die Audienz, weil ich Geld auf Vesa anlegen und mit Euch meine Pläne diskutieren möchte.«

»Gefällt Ihnen Vesa?« fragte die Markgräfin. Ihre Stimme klang wie ein Reibeisen und schien dem großen Mund und dem vielfachen Kinn unkontrolliert zu entströmen, statt artikuliert zu werden.

»Ach, sehr gut, Euer Exzellenz. Ich bin seit vierzehn Tagen da und finde es faszinierend! Mein Mann starb vor kurzem und hinterließ mir ein ansehnliches Vermögen. Euer Mond scheint mir eine richtige Goldgrube zu sein. Mit etwas Geschick kann man sich hier zu Tode verdienen.«

Sie beobachtete die Mienen vor sich genau, aber keiner reagierte auf das Wort »Tod«. Das hatte sie auch nicht erwartet, aber es war eines Versuchs wert.

»In der Tat – hier wurden schon viele große Vermögen gemacht«, sagte der Mann, »und kleine wurden vergrößert. Wir haben hier immer Anlagemöglichkeiten für Kapitalinvestitionen. Wieviel wollen Sie anlegen?«

»Verzeihung, Gospodin, aber ich kann mich nicht erinnern, Ihren Namen gehört zu haben«, entschuldigte sich Yvette. »Ich möchte nicht unhöflich erscheinen – aber mein Mann predigte mir immer, man müsse sich vergewissern, mit wem man Geschäfte macht.«

»Natürlich, meine Dame. Ich bin es, der sich entschuldigen muß, daß ich mich nicht eher vorstellte. Mein Name ist Garst, und ich bin Erster Rat Ihrer Exzellenz.«

Ihre Miene bewahrte Ruhe, doch ihr Verstand drehte sich wie ein Kreisel, während sie versuchte, den Namen unterzubringen. Garst. Ich kenne den Namen von irgendwoher. Aber woher? »Danke, Gospodin Garst. Nun, ich wollte mit einer bescheidenen Summe beginnen – sagen wir sieben oder acht Millionen?«

Am Aufleuchten seiner Augen erkannte sie, daß er die Summe alles andere als bescheiden erachtete. Jetzt faßte er sie eingehender ins Auge und versuchte, hinter ihre Maske zu blicken, um über diese geheimnisvolle, reiche Witwe Klarheit zu gewinnen. Fast konnte sie hören, wie die Schaltungen in seinem Kopf klickten. Doch während sein Blick über ihre Gestalt glitt, verdüsterte sich seine Miene für den Bruchteil einer Sekunde. »Ein sehr attraktives Angebot einer attraktiven DesPlainianerin«, sagte er. Hatte sie nicht einen leisen Nachdruck auf dem letzten Wort herausgehört?

»Ich bin keine DesPlainianerin, obwohl Sie nicht weit danebentippten«, beeilte sie sich zu versichern. »Ich stamme eigentlich von Purity, erkannte aber die irrige Lebensauffassung der Bewohner und wanderte noch früh genug aus, um durch und durch Puritanerin zu werden. Die Schwerkraftverhältnisse sind auf beiden Planeten ähnlich und führten zu Ähnlichkeiten im Körperbau – deswegen Ihre Verwechslung.«

»Ein Irrtum meinerseits, Gospoza! Vergeben Sie mir diesen Irrtum!« Seine Stimme war jetzt ganz neutral und ließ keinen Schluß auf seine Gedanken zu.

Ganz plötzlich fiel Yvette ein, wo sie Garsts Namen schon gehört hatte. Dak hatte ihn genannt! Er hatte gesagt, er wolle auf eine Privatparty im Hause eines Garst, eines der hiesigen VIP, also eines Prominenten. Das war Daks letzter Programmpunkt auf seinem Terminkalender gewesen, an jenem Tag, als er verschwand. Myerson hatte bestätigt, daß Dak sich auf den Weg zu Garsts Party gemacht hatte, und das war der letzte Moment gewesen, da man ihn gesehen hatte. Dieser Garst nahm in Yvettes Augen nun ganz andere Dimensionen an.

Er weicht der Markgräfin nicht von der Seite, notierte sie im Geiste. Es sah aus, als hinge die Herrscherin Vesas nicht nur im Hinblick auf seine Ratgeberschaft von ihm ab. »Es freut mich, daß Sie mein Angebot attraktiv finden«, sagte sie lässig. »Sie haben hier zwar eine ganze Menge von Hotels und Kasinos, aber gleichzeitig so viele Touristen, daß ich mir dachte, für das eine oder andere wäre immer noch Platz genug. Ich denke da allerdings an etwas Originelles, das eine Abwechslung bieten würde: Ich möchte mich an der Errichtung eines auf der Mondoberfläche gelegenen durchsichtigen Kuppelbaues beteiligen, der natürlich durch Tunnels mit dem unterirdischen Vesa in Verbindung steht. Das wäre hier etwas Einzigartiges und würde sicher viele Touristen anziehen.«

»Der Plan eines solchen Kuppelbaues auf der Oberfläche von Vesa war schon da«, sagte Garst. »Es gibt da aber natürlich eine Reihe von Problemen, die dem entgegenstehen, beispielsweise die Gefahr von Meteoriteneinschlägen. Bis jetzt hat noch niemand genügend Kapital und Initiative zur Durchführung eines solchen Projektes aufgebracht. Vielleicht sind Sie die erste.«

Das Gespräch zog sich noch fünfzehn Minuten hin und wurde zu einem Wortgeplänkel zwischen Yvette und dem Ersten Rat, bei dem sie sich gegenseitig die Bälle zuwarfen. Die Markgräfin saß träge da und hörte zu, wie sich die beiden Widersacher gegenseitig abtasteten, aus Worten, Redewendungen und Tonfall des anderen nach Hintergedanken und schwachen Stellen des Partners suchten. Ein ernsthaftes, verbales Katze-und-Maus-Spiel, bei dem keine der beiden Seiten einen Punkt an die andere verlieren wollte. Yvette ließ sich weiter über ihre »Pläne« betreffend die Kuppelhalle aus, und Garst versprach die Unterstützung der Markgräfin für das Projekt. Den wahren Kern des Gespräches bildete jedoch ein mißtrauisches Sich-Umkreisen.

Als sie sich verabschiedete, hatten sich bei Yvette einige ihrer Vermutungen bestätigt. Markgräfin Gindri war nicht der Kopf der Mörderverschwörung, soviel stand fest. Yvette sah in ihr eine törichte – und sehr traurige – Figur. Vielleicht wußte sie um die Vorgänge – das war eine fast unumstößliche Tatsache, da sie ja der Polizei Anweisungen gegeben hatte, die Hände aus dem Spiel zu lassen. Die Behörde würde derartige Anordnungen von niemandem sonst, nicht einmal vom Ersten Rat entgegennehmen, schon aus Furcht, daß die Sache aufkäme. Aber Gindri verfügte weder über den Verstand, eine solche Organisation aufzubauen, noch über die Fähigkeit, sie in Gang zu halten. Dazu bedurfte es einer viel gerisseneren Persönlichkeit, die mehr Härte und weniger Skrupel besaß.

Bei Garst trafen diese Voraussetzungen in vollem Maße zu. Er besaß jene Art angeborener Gerissenheit, der man die Planung eines derartigen Unternehmens zutrauen konnte. Dazu eine Kälte, die alle moralischen Bedenken beiseite schob, und die hohe Stellung, die es ihm gestattete, praktisch unkontrolliert zu arbeiten. Sie mußte über diesen Gospodin mehr herausbekommen – und zwar rasch!

Kaum hatte Carmen Velasquez den Palast verlassen, entschuldigte sich Garst bei der Markgräfin und empfahl sich. Er bestellte seinen Leutnant Lessin zu sich. »Weiß man schon etwas über duChamps?« fragte er ihn.

»Noch nichts«, berichtete Lessin, »aber es kann nicht mehr lange dauern. Ich ließ ein Fahndungsbild herstellen und ließ es allen unseren Leuten zeigen. Sogar an die Schule wurde eine Kopie geschickt, falls er dort unerwartet aufkreuzen sollte.«

»Gut. Da wäre noch jemand, den wir überprüfen müssen – eine Frau namens Carmen Velasquez. Sie sieht wie eine DesPlainianerin aus, und das hat meinen Verdacht erweckt. Sie kam mit einem zu verlockenden Angebot. Ich habe das Gefühl, daß sie etwas auskundschaften will. Sie behauptet, eine Ex-Puritanerin zu sein, aber von der Sorte kenne ich einige, und die sehen ganz anders aus. Wer immer sie sein mag – sie ist jedenfalls äußerst raffiniert – zu raffiniert, um nur das zu sein, was sie vorgibt.«

»Möchten Sie, daß die Dame ausgeschaltet wird?«

Garst schüttelte den Kopf. »Nein, noch nicht. Es besteht ja immerhin die Möglichkeit, daß sie echt ist. Ihre geschäftlichen Pläne können sehr profitabel sein, wenn alles klappt. Aber ich möchte, daß sie beobachtet wird. Sie wohnt im Regulus. Sie soll ständig überwacht werden. Ich möchte wissen, wohin sie geht, was sie treibt und mit wem sie spricht. Und insbesonders, ob sie Kontakte mit einem DesPlainianer hat, der sich Georges duChamps nennt. Sie könnte der Hebel sein, mit dem wir das Geheimnis knacken.«

XI

Die Würgerschule

Wie Passar gesagt hatte, war alles in Ordnung – in allerbester Ordnung sogar. Jules hatte nicht zu hoffen gewagt, daß er so rasch Erfolg haben würde.

Passar führte Jules hinauf und stellte ihn Tuhlman vor, einem kleinen, öligen Mann mit dem Körperbau einer Tonne, der wie ein Umkleideraum für Turner roch. Tuhlman stellte gezielte Fragen über ihre Flucht, die er als schieres Wunder ansah. Jules überließ Passar das Reden. Tuhlman würde der Geschichte mehr Glauben schenken, wenn er sie von jemandem hörte, den er kannte, und außerdem schmückte Passar das Abenteuer so geschickt aus, daß Jules es kaum wiedererkannte. Eventuelle Fehler, die ihm bei dem Unternehmen vielleicht unterlaufen waren, wurden durch Passars Übertreibungen ausgebügelt.

Dann kam die Frage der Bezahlung für ihr Versteck. Passar stellte da kein Problem dar – er verfügte über eine Unzahl von Kontakten und konnte in kürzester Zeit jede Menge Arbeit haben. Bei Jules war es etwas anderes. Tuhlman fragte ihn eingehend über seine Vergangenheit aus, und Jules gab vorsichtige Antworten, entsprechend der von Kantana für ihn präparierten Lebensgeschichte. Das daraus resultierende Bild zeigte einen Mann, der wie ein wildes Tier gejagt wurde, wenn er auf Chandakha blieb, der eine große Familie hatte, die er durchbringen mußte und der alles tun würde – Mord eingeschlossen –, um zu Geld zu kommen. Jules hoffte, das Porträt eines idealen Rekruten für die vesanischen Verschwörer abzugeben.

Tuhlman schluckte den Köder. Er bat Passar, den Raum kurz zu verlassen, und erzählte Jules unter vier Augen von einer Organisation, die ihm vielleicht den Weg auf einen anderen Planeten ebnen und gleichzeitig für seine Familie sorgen würde. Die verlangte Arbeit wäre leicht und ungefährlich, obwohl Tuhlman es sorgsam vermied, sich über weitere Einzelheiten auszulassen. Er schilderte alles in so leuchtenden Farben, daß Jules zur Überzeugung gelangte, daß der Mann eine Provision für jeden Angeworbenen erhalten müsse. Es war ein Angebot, dem man nicht widerstehen konnte – und Jules wollte gar nicht. Er erklärte, er würde nur zu gern unterschreiben, und die beiden wechselten zur Bekräftigung des Handels einen Händedruck. Tuhlman ließ die beiden in eine kleine Kammer führen, wo sie eine gute, warme Mahlzeit bekamen und die Nacht verbrachten.

Am frühen Morgen des nächsten Tages kamen zwei Männer, die Jules unsanft weckten, ihn zum Aufstehen aufforderten und ihn hießen, sich rasch anzuziehen. Nach einer hastigen Tasse lauen Tees wurde er eilends zu einem wartenden Helikopter geführt, der sofort abhob, nachdem die drei eingestiegen waren. Die Männer verbanden ihm die Augen und kreisten eine Weile über der Stadt, bis sie sicher sein konnten, daß er endgültig die Orientierung verloren hatte. Dann flogen sie auf ihr Ziel los.

Jules fragte, wohin der Flug denn ginge, und bekam die rüde Antwort, er solle den Mund halten, es ginge ihm nichts an. Der Rest des Fluges wurde in Schweigen absolviert.

Die Stille kam Jules sehr gelegen. Da er keine Uhr oder eine andere Zeitmeßmethode zur Hand hatte, machte sich Jules die Gesprächspause zunutze und zählte seine eigenen Herzschläge. Er mußte herausfinden, wie weit entfernt das Trainingslager von Bhangora war, und dieser biologische Rhythmus war seine einzige Orientierung.

Nach seiner Schätzung verging etwa eineinhalb Stunden, bevor der Helikopter wieder landete. Die Augenbinde wurde ihm abgenommen, und Jules sah sich blinzelnd um, geblendet vom grellen Tageslicht.

Der Helikopter stand in der Mitte eines großen, freien Hofes, der ungepflastert war. Um sie herum wurden Männer in Gruppen von sechs oder sieben Mann verschiedenen Exerzierübungen unterworfen. Der Hof wurde von drei Seiten von einer sechs Meter hohen Mauer umgeben, während die vierte Seite von einer Reihe barackenähnlicher Bauten eingenommen wurde. Ein richtiges Militärlager, dachte Jules, gebührend beeindruckt. Organisation steckte da dahinter, das muß man ihnen lassen!

Jules' Bewacher führten ihn zum nächstgelegenen Gebäude, das um eine Spur »offizieller« wirkte als die anderen. Drinnen wurde er in ein kleines Wartezimmer geführt, nach zwei Minuten wurde er in ein Büro eingelassen.

Der Raum war spartanisch einfach. Ein zerschrammter, alter Schreibtisch, zwei Stühle mit hohen Lehnen und eine Wandtafel waren die einzigen Einrichtungsgegenstände. Die Glasscheiben hatte man absichtlich undurchsichtig gemacht, damit niemand hereinsehen konnte, und Jules, der sich eben erst an Helligkeit gewöhnt hatte, mußte sich wieder auf gedämpftere Lichtverhältnisse einstellen.

Der Mann hinter dem Schreibtisch trug ein eindrucksvolles, militärisches Gehabe zur Schau. Er gehörte zu den größten Chandakhari, die Jules je gesehen hatte – er maß mit Leichtigkeit zwei Meter. Seine Haltung war beeindruckend aufrecht, und das Gesicht trug Spuren unzähliger Straßenkämpfe – und Unruhen.

Bekleidet war er mit einem schlichten, braunen Kaftan, der bis zum Boden reichte.

»Willkommen, Gospodin Koosman – willkommen in unserer kleinen Schule!« Der Mann reichte ihm nicht die Hand, sondern deutete auf einen Stuhl. Jules querte den Raum und setzte sich. Der andere ebenfalls. »Ich bin Jakherdi, und wir werden einander in den nächsten paar Wochen sehr gut kennenlernen.«

»Das wird mich freuen, Sir«, sagte Jules wohlerzogen.

Der andere verzog höhnisch das Gesicht. »Das möchte ich sehr bezweifeln. Wie ich hörte, haben Sie in der Vergangenheit bereits Menschen getötet. Stimmt das?«

»Gewiß, das läßt sich in den Straßen kaum vermeiden.«

»Wie viele?«

»Gezählt habe ich nie. Ein Dutzend etwa, genau weiß ich es nicht. Im Palast des Barons von Calpuna waren es zwei Wachen, das weiß ich noch.«

Jakherdi stieß ein Schnauben aus. »Wenn du für uns arbeitest, mußt du dich an die dreifache Menge pro Woche gewöhnen. Außerdem wirst du sie nicht auf zufällige Art, wie ein Straßenräuber, töten. Deine Morde werden säuberlich, exakt und fachgerecht vonstatten gehen. Wir werden so lange üben, bis es Routine wird, und du wirst mit anderen zusammenarbeiten, die ebensogut ausgebildet wurden. Sie töten ohne Gefühlsregung, nur aus einem Grund – des Profites wegen. Töten aus Leidenschaft schwächt die Seele, und schwache Seelen können wir bei uns nicht brauchen. Ist das klar?«

»Ja, sehr sogar. Aber ich werde von der Polizei gesucht . . .«

»Nicht auf Vesa. Dorthin wirst du nach der Ausbildung gebracht werden. Hier wird man dich übrigens auch nicht suchen, da kein Mensch von der Existenz dieses Lagers weiß. Und jetzt zum Risiko, Koosman! Deine einzige Sorge soll sein, zu lernen und das Erlernte anzuwenden. Wenn du das tust, dann wirst du reich belohnt – so reich, daß du dir das gar nicht vorstellen kannst. Mehr habe ich im Moment nicht zu sagen. Man wird dich zu deinem Quartier führen und mit allem Notwendigen versorgen. Dann mach sofort bei einer Anfängergruppe mit. Viel Glück!«

»Danke, Sir.«

Jules wurde zu einem Gebäude im rückwärtigen Teil des Lagers geführt und bekam eine eigene Schlafstelle zugewiesen. Da er ohne seine persönliche Habe aus dem Gefängnis geflohen war, brauchte er nicht auszupacken. Er wurde mit annähernd passenden Sachen ausgestattet und zog sich um. Dann wurde er hinausgeführt und den anderen jungen Rekruten vorgestellt.

Der Tag verging größtenteils mit theoretischem Unterricht. Jules erhielt grundlegende Belehrungen, wie die Gruppe aufgebaut war, über ihre Motivationen und wie sie arbeitete. Er erfuhr, daß die Opfer wahllos von einem Späher des Teams ausgesucht wurden, der sich auf diese Art Kontaktnahme spezialisiert hatte. Dieser Kontaktmann näherte sich dem oder den Opfern, fing eine harmlose Unterhaltung an und entschied, ob sich der Mord lohne. Wenn ja, erschlich er sich rasch das Vertrauen des Opfers und mußte einen Weg finden, es von allen zu isolieren. Getötet wurden sie durch Erwürgen, eine Teamarbeit, die das hilflose Opfer auf höchst wirksame Art tötete. Dann wurde der Tote durchsucht und weggeschafft, während ein oder zwei Teamleute das Hotelzimmer durchsuchten und ausräumten, ohne dabei eine Spur zu hinterlassen. Rückfahrttickets wurden kassiert – und die Person hörte auf zu existieren.

»Hinter uns darf es keine offenen Türen geben«, betonte der Lehrer. »Diese Vorgangsweise hat zwanzig Jahre überdauert, weil wir sorgfältig jede Spur vermieden, die zu uns hätte führen können. Wir sind nicht zu fassen. Wir sind wie der Wind, fegen alles vor uns her und verschwinden spurlos.«

»Entschuldigung, Sir«, sagte Jules und hob die Hand. »Darf ich eine Frage stellen?«

»Du bist hier, um zu lernen, und Fragen verhelfen dazu.«

»Sie sprachen davon, daß man die Leichen verschwinden läßt. Wenn sie aber so zahlreich sind, wie Sie sagen, wie kann man sie unauffällig loswerden?« Das war das große Rätsel, das er und Yvette nicht hatten lösen können. Er hoffte, jetzt eine Antwort zu bekommen.

»Sehr klug! Nun, wir machen uns die Natur von Vesa zunutze. Es handelt sich um einen geschlossenen, luftlosen Mond, der seine Abfälle so gut wie möglich wiederaufbereiten und umwandeln muß. Vesa verfügt über eine beneidenswert funktionierende Recycling-Anlage. Wir schicken einfach die Leichen hin, und sie helfen mit, das Gleichgewicht des Lebens auf Vesa zu erhalten.«

Die Einfachheit dieser Erklärung überrollte Jules wie eine Meereswoge den Strand. Das war die Antwort! Auf diese Weise blieben keine Spuren zurück, außer ein paar Zentiliter metallischer Rückstände am Boden des Recycling-Gefäßes. Wer immer diesen Plan ausgeheckt hatte – er bewies Gründlichkeit und Brillanz bei der Durchführung.

Nach dem Unterricht aßen sie zu Mittag. Der Nachmittag wurde im Freien mit Übungen und Gruppenexerzieren verbracht. Sie lernten als Gruppe auf gewisse Situationen richtig zu reagieren und vor allem die Zusammenarbeit zur Erreichung des Zieles. Das alles fiel Jules als ausgebildetem Zirkusartisten nicht schwer, für seine Kameraden war es jedoch überaus ermüdend, und deswegen mimte er beim Abendessen den total Ausgepumpten. Am Abend gab es Unterricht in Philosophie und Meditation. Die Teilnehmer sollten einen Zustand inneren Friedens erlangen, damit ihnen die Idee an den Massenmord nicht mehr so gräßlich erschien. Um 22.00 Uhr lechzte alles nach Bett und Schlaf.

Jules wartete, bis alle in seiner Baracke schliefen, dann schlich er sich heimlich hinaus auf den Hof. Er mußte unbedingt den Standort des Lagers feststellen, damit der Service diese Organisation an den Wurzeln ausrotten konnte. Während des Exerzierens hatte er bei einer leichten Brise Seegeruch verspürt. Man hörte jedoch kein Brandungsgeräusch, und er schloß daraus, daß man sich ein ziemliches Stück landeinwärts befand. Die Vögel, die auf der Mauer hockten, waren ihm unbekannt, doch hatten sie keine Schwimmhäute an den Füßen. Daraus konnte man jedoch keine Schlüsse ziehen.

Es war eine klare Nacht – ein wahres Glück, weil er wenigstens die Sterne sehen konnte. Er hatte weder Instrumente noch eine Uhr zur Hand und konnte daher den Längengrad nicht annähernd abschätzen, doch den Breitengrad konnte er ungefähr feststellen. Er kannte zwar die hiesigen Sternenbilder nicht, doch konnte er die dem nördlichen und südlichen Horizont nächstgelegenen Sternbilder im Gedächtnis behalten. Wenn er später Gelegenheit hatte, auf einer Himmelskarte nachzusehen, würde er den annähernden Breitengrad finden können – und diese Information, zusammen mit der Flugdauer des Helikopters von Bhangora hierher und dem Umstand, daß eine Küste in der Nähe war, würde es dem SOTE ermöglichen, den Standort dieser »Schule« festzustellen. Es bedurfte hierzu gewiß mancher Anstrengungen, aber dem Service standen, wenn es sein mußte, eine Menge Hilfsmittel zur Verfügung.

Nach diesen Beobachtungen ging Jules zu seiner Baracke zurück. Er hörte ein Geräusch und drückte sich in den Schatten. Ein Wachtposten ging vorüber. Der Mann ging weiter, und Jules konnte endlich zu seiner Schlafstelle. Offenbar war niemandem etwas aufgefallen, und seine Abwesenheit war nicht bemerkt worden. Jules schlüpfte unter die Decke und schlief sofort ein.

Der nächste Tag verlief auf die genau gleiche Weise wie der erste. Nach einem gemeinsamen Frühstück wurden Jules und seine Schicksalsgenossen in einen Unterrichtsraum geführt und wieder in der Philosophie des Tötens und in Würgetechnik unterwiesen. Filme wurden vorgeführt, in denen echte Morde dargestellt waren. Dabei hob der Lehrer hervor, was die Mörder bei ihrer Aktion gut, und was sie schlecht gemacht hatten. Die bloße Vorstellung, sich solch einen Film anzusehen, war für Jules abscheulich, dennoch saß er mit steinernem Gesicht gemeinsam mit den anderen da und sah sich die Filmvorführung an.

In der Hälfte der Vorführung gab es eine Unterbrechung, als ein Bote hereinkam und meldete, Jules solle sofort vor Jakherdi erscheinen. Verwundert, was dies wohl zu bedeuten habe, begleitete Jules den Boten zurück in den Verwaltungstrakt.

Die Sekretärin, die gestern im Vorraum gesessen hatte, war heute nicht da. Der Raum wirkte seltsam verlassen. Jules war plötzlich auf der Hut. Der Bote sagte Jules, er solle sofort ins Büro gehen, er würde erwartet. Vielleicht habe ich zuviel zu erwarten, dachte Jules und griff nach der Klinke.

Er öffnete die Tür, trat aber nicht sofort ein, sondern spähte zunächst in den Raum. Direkt ihm gegenüber, als Silhouette vor dem Fenster, stand Jakherdi und wirkte so eindrucksvoll militärisch wie gestern. Auf dem Schreibtisch vor Jakherdi lag ein Blatt Papier mit der Skizze eines Gesichtes. Jules brauchte nicht viel Phantasie, um sich vorzustellen, wen diese Skizze darstellte.

Auf Vesa schaltet man schnell, dachte er insgeheim seufzend. Schneller, als ich hoffte.

»Kommen Sie rein, Koosman«, sagte Jakherdi forsch.

Es gab nur zwei Möglichkeiten: vor oder zurück. Noch während er diese Überlegung anstellte, spürte Jules, daß der Hintereingang geschlossen wurde. Ein sechster Sinn verriet ihm die Anwesenheit mehrerer Personen im Gang draußen vor dem Vorzimmer. Jeder Versuch, in diese Richtung zu entkommen, würde ihm Schüsse eintragen, ehe er die Tür erreichte.

Ihm blieb daher keine andere Alternative, als ins Büro einzutreten, und auch dabei mußte er zweifellos in eine Falle tappen. Jules war überzeugt, daß der Lagerkommandant mindestens je einen Bewaffneten zu beiden Seiten der Tür – für ihn unsichtbar – postiert hatte. Und die warteten nur auf sein Eintreten. Er wußte nicht, ob sie Befehl hatten, ihn zu betäuben oder zu töten, aber das machte wenig Unterschied. Auch wenn sie ihn jetzt nur festnehmen wollten, würde man ihn später gewiß töten – wahrscheinlich nach einem Schuß Nitrobarb.

Ein Zögern konnte er sich nicht leisten. Damit hätte er verraten, daß er Lunte roch, in welchem Fall die Posten einfach vortreten und ihn sofort erschießen würden. Es blieb ihm nichts anderes übrig, als einzutreten. Die Methode seines Eintritts jedoch blieb ihm überlassen.

»Ja, Sir«, sagte er laut und tat den ersten Schritt hinein. »Darf ich fragen, um was es geht?«

Und bevor jemand noch etwas sagen konnte, wurde Jules aktiv. Während er den linken Fuß bei diesem ersten Schritt aufsetzte, ging er damit in Kniebeuge und sprang vorwärts. Es gelang ihm weder so kräftig noch so ausbalanciert, wie er es wünschte. Dennoch erwies es sich als ausreichend wirksam, da es für die Männer im Büroraum völlig überraschend gekommen war.

Jules landete knapp vor dem Schreibtisch auf seinem rechten Bein, noch immer außer Gleichgewicht. Diesen Umstand münzte er in einen Vorteil um, indem auf dem rechten Fuß eine dem Uhrzeiger entgegengesetzte Drehung vollführte und im rechten Teil des Raumes landete. Noch im Drehen bemerkte er, daß sich tatsächlich noch zwei Mann im Raum befanden – je einer an jeder Türseite. Sein dramatischer Auftritt hatte beide überrascht. Ehe sie auch nur die Waffen auf ihn richten konnten, war Jules mit beiden Füßen am Boden, ging abermals in die Kniebeuge und benutzte seine federnden, kräftigen Beinmuskeln, um den dastehenden Jakherdi direkt anzuspringen.

Der Lagerkommandant duckte sich, worauf Jules nur gewartet hatte. Sich zu einer Kugel zusammenrollend, zog Jules den Kopf ein und wappnete sich für das Kommende. Sein Körper durchbrach im Sprung die Glasscheibe des Fensters wie eine Kanonenkugel von hundert Kilo. Das klirrende Geräusch schien das gesamte Universum zu erfüllen, während Jules zwischen den Scherben hindurch auf den Hof segelte.

Er spürte die kleinen Stiche der Schnittwunden, doch waren die meisten an den Händen, oben am Kopf und hinten im Genick – keine lebensgefährlichen Stellen. Gesicht und Augen hatte er durch das Einziehen des Kopfes geschützt. Bei seinem Sprung durch die Luft drehte er sich – das Drehen eines geübten Artisten. Als er auf dem Boden auftraf, kugelte er nach vorn und sprang auf, um zu flüchten. Ein kurzer Blick in die Runde allerdings war alles andere als ermutigend.

Der ganze Hof steckte voller Leute, alle mit Stunnern bewaffnet. Sie waren überrascht, als er krachend durch das Fenster geflogen kam, doch als Jules wieder auf den Beinen stand, hatten sie das Überraschungsmoment überwunden und starrten ihn ohne Gefühlsregung und entschlossen an.

Obgleich er wußte, daß er gegen eine derartige Übermacht keine Chance hatte, ließ sich Jules nicht unterkriegen. Ich werde ihnen beweisen, daß ein d'Alembert kämpfend unterzugehen versteht, dachte er grimmig und hielt auf die nächste Gruppe zu.

Fünf Betäubungsstrahlen zischten auf ihn zu, in schwarzer Bewußtlosigkeit sank er zu Boden.

Jakherdi hatte die Szene von der Öffnung des zerbrochenen Fensters aus beobachtet. Er lächelte dünn, als er sah, daß Jules bewußtlos dalag. »Lebt er?« rief er den Männern zu.

»Ja, Sir. Aber für Stunden außer Gefecht.«

»Gut! Fesselt ihn gewissenhaft. Denkt daran, daß er ein Des-Plainianer ist und sich normaler Fesseln leicht entledigen kann. Es darf ihm kaum Luft zum Atmen bleiben. Dann schafft ihn hier herein. Wir müssen ihn lebend auf Vesa schaffen, damit man ihn dort verhören kann.«

Du tust mir leid, Koosman oder duChamps oder wer du auch immer sein magst, fügte der Kommandant im stillen hinzu. Ich kenne Garst und seine Methoden. Wenn er mit dir fertig ist, wirst du ihn um den Tod anflehen – nur wird es dann viel zu spät sein.

XII

Ein Einbruch

Als sie nach ihrer Unterredung bei der Markgräfin ins Hotel zurückkam, wußte Yvette bereits, daß sie von mehreren Augenpaaren beobachtet wurde. Sie ignorierte die Späherblicke, durchschritt lässig die Halle und nahm den Lift zu ihrem Zimmer. Garst war offenbar entschlossen, sie nicht aus den Augen zu lassen, ein Vorgehen, das sie erwartet hatte – an seiner Stelle hätte sie ebenso gehandelt.

Sie blieb eine halbe Stunde auf ihrem Zimmer, erneuerte ihr Make-up und erledigte Telefonanrufe.

Dann ging sie aus und verbrachte den Rest des Nachmittags mit belanglosen Tätigkeiten, wie Kartenspiel und dem Besuch einer Show, die über Sensibilatoren gesendet wurde. Sie bemühte sich dabei, ein möglichst unbefangenes Benehmen an den

Tag zu legen – sie wollte ihre Beschatter nicht verlieren. Noch nicht.

Am frühen Abend kam sie ins Hotel zurück, aß geruhsam im Speisesaal zu Abend und gab sich nicht die Mühe, ein gewaltiges Gähnen zu unterdrücken, als sie wieder in ihr Zimmer hinunterfuhr. Es sollte in jedem eventuellen Beobachter der Eindruck entstehen, daß sie erschöpft sei und sich für die Nacht zur Ruhe begeben wolle. Natürlich entsprach dies keineswegs ihren wahren Absichten.

In ihrer Suite angekommen, war jede Müdigkeit wie weggeblasen, und sie traf entschlossen Vorbereitungen für ihr Vorhaben. Eine Dreiviertelstunde vor dem Spiegel – und ihr Aussehen war mit Hilfe ihres Schminkköfferchens völlig verändert. Jetzt war keine Spur der dezenten Witwe an ihr zu entdecken. Eine langhaarige, blonde Perücke von absichtlich genialisch-unordentlicher Frisur trug das Ihre dazu bei. Ein hautenger Hosenanzug aus Leder – im strengen Gegensatz zur dezenten Garderobe der Carmen Velasquez – vervollständigte ihre Verkleidung. Nur der abgebrühteste Beobachter hätte sie als jene Frau wiedererkannt, die den Tag mit so müßiggängerischem Tun verbracht hatte.

Nach kurzer Kontrolle, ob sie alles Nötige bei sich hatte, öffnete sie die Tür und ging hinaus. Einer der Männer, die Garst zu ihrer Verfolgung bestimmt hatte, saß auf einer Bank neben dem Aufzug am Ende des Ganges. Er sah auf, als sich ihre Tür öffnete und wollte seinen Augen nicht trauen. Dann aber siegten seine geübten Instinkte, und er widmete sich wieder der Zeitungsrolle und tat, als sähe er nichts.

Yvette schlenderte lässig auf ihn zu und vergewisserte sich dabei unauffällig, daß sich sonst niemand im Gang befand. Das vereinfachte die Sache. Während sie in die Tasche griff, sagte sie »Guten Abend«, zog Myersons Stunner heraus und schoß den Mann aus sicherem Abstand an, ehe er noch reagieren konnte. Die Stufe vier der Betäubungswaffe würde ihn für mindestens zwei Stunden handlungsunfähig machen – ausreichend Zeit, daß sie sich aus dem Staub machen konnte, ohne daß jemand davon etwas mitbekam.

Sie fuhr hinauf in die Halle und schlenderte gemächlich hindurch. Jedes anwesende männliche Auge ruhte auf ihr, während sie ihre Hüften aufreizend kreisen ließ. Sie wußte, daß manchmal Unverschämtheit die beste Tarnung war. Auch ihre Beschatter bestaunten sie, sahen in ihr jedoch ein Sexobjekt und nicht ihr Beschattungsziel. Sie verspürte den boshaften Impuls, auf einen der Burschen zuzugehen und ihn dreist anzublinzeln, widerstand aber diesem Drang. Es hatte keinen Zweck, das Schicksal herauszufordern.

Garsts Leute machten keinen Versuch, ihr zu folgen, als sie aus der Halle ging und draußen auf der Straße ein Jit heranwinkte. Natürlich wären sie gern ihren Spuren gefolgt, aber aus ganz anderen Gründen als zuvor.

Sie hatte sich schon vorher Garsts Adresse verschafft. Ein paar diskrete Telefonanrufe von ihrem Zimmer aus, ehe sie ins Kasino ging, hatten ihr diese Information verschafft. Yvette hatte sich den Ort auf einer Karte angesehen und einen Operationsplan zurechtgelegt. Jetzt ließ sie sich zu der mit einer Kuppel überdachten Kreuzung bringen, wo der Eingang zu Garsts Haus lag.

Je länger sie darüber nachdachte, desto überzeugter war sie, daß Garst jener Mann sein mußte, der hinter der ganzen Verschwörung steckte. Bei der Audienz hatte sie gemerkt, daß er die Markgräfin um den kleinen Finger wickeln konnte und sie nach seiner Pfeife tanzen ließ. Er verfügte über die Intelligenz, Gerissenheit und Kälte, um eine solche Organisation aufzubauen und sie zwei Jahrzehnte lang zu leiten, ohne daß man ihm auf die Schliche kam.

Als einer Spitzenagentin des Service stand es in ihrer Macht, ihn schon aufgrund der vorhandenen Beweise zum Verräter zu erklären und ihn auf der Stelle zu liquidieren. Ohne ihn würde das von ihm aufgebaute Unternehmen dahinvegetieren und schließlich in Cliquen zerfallen, die von den hiesigen Behörden leichter bekämpft werden konnten. Ihr Auftrag wäre damit erledigt, und niemand, nicht einmal der Chef selbst, könnte an ihrer Vorgangsweise etwas aussetzen.

Eine solche Vorgangsweise verwarf jedoch Yvette d'Alembert.

Sie war sich zu sehr der Verantwortung bewußt, die mit ihrer Autorität über Leben und Tod verbunden war. Sie brauchte den unwiderlegbaren Beweis, daß Garst schuldig war, ehe sie einschritt, und um sich diesen Beweis zu verschaffen, suchte sie jetzt sein Haus auf. Außerdem hoffte sie, ausreichende Informationen zu gewinnen, um die ganze Bande auffliegen zu lassen – und zwar sofort. Nicht erst, bis sie nach Garsts Tod von selbst zerfiel.

Das Jit kam am Ziel an. Yvette stieg aus und begutachtete das Gelände. Ihr Vorhaben würde sich schwieriger gestalten, als sie gedacht hatte, denn Einbrechen und Eindringen war auf Vesa ein riskanteres Unterfangen als anderswo im Imperium. Fast alle Häuser lagen unterirdisch, unter dem Straßenniveau, und das bedeutete, daß es keine Fenster oder Obergeschosse gab, durch die man eindringen konnte. Überdies brannte rund um die Uhr das Licht, so daß man sich nicht im Dunkeln anpirschen konnte.

Man mußte das Problem direkt anpacken, entschied Yvette. Die Stunde, die sie für den Einbruch gewählt hatte, lag in der Nacht, obwohl das auf der Vesa keine Rolle spielte. Die Menschen konnten zu jeder Zeit wach sein und waren es auch. Sie konnte nur hoffen, daß Garst nicht da sein würde. Sie ging kühn auf die Tür zu und drückte die Klinke nieder. Sie ließ sich nicht bewegen, ein Zeichen dafür, daß die Tür versperrt war. Dies wiederum bedeutete, daß niemand zu Hause war, oder daß die Bewohner schliefen – und das war ermutigend.

Yvette langte in ihre Tasche und zog ein kleines Einbrecherinstrumentarium heraus. Das Türschloß war ein Standardtyp und konnte durch richtige Kombination elektronischer Impulse geöffnet werden. Ihre diesbezügliche Ausrüstung war kompliziert und kostspielig. Es war ein superkleiner Computer, der in Sekundenschnelle Milliarden möglicher Kombinationen durchspielte und damit ein als sicher geltendes Schloß öffnen konnte. In weniger als einer Minute hörte Yvette das Klicken, das ihr sagte, daß der Sperrmechanismus unwirksam war und die Tür geöffnet werden konnte.

Sie verstaute das Gerät wieder in die Tasche und nahm einen

Stromdetektor heraus. Das allgemein am weitesten verbreitete Alarmsystem bestand darin, daß, wenn ein Stromkreis unterbrochen wurde – beispielsweise durch das Öffnen einer Tür – dadurch der Alarm ausgelöst wurde. Um sicherzugehen, nahm sie mit dem Spürgerät eine Überprüfung vor und entdeckte, daß Garsts Tür ein solches Alarmsystem hatte. Der Detektor ermöglichte es Yvette, den Verlauf des Stromkreises um den Türrahmen herum zu verfolgen. Mit einem äußerst präzisen Laserbohrer durchbohrte sie den Holzrahmen an bestimmten Stellen und konnte das System mit ein paar mitgebrachten Kabeln überlisten. Nach einer weiteren Kontrolle, ob keine weiteren Alarmsysteme angeschlossen wären, öffnete sie die Tür und schlüpfte hinein.

Im Inneren war es dunkel, doch Yvette hatte sich für diesen Fall vorbereitet. Sie setzte eigens präparierte Brillen auf und zog eine kleine, infrarote Handleuchte aus der Tasche, die nur einen Hauch von Licht ergab, doch genügte es Yvette, um etwas zu sehen, ohne von jemand anderem bemerkt werden zu können. So ausgerüstet, machte sie sich daran, Garsts Haus zu durchsuchen.

In der langen Eingangsdiele gab es nur einige Sessel, ein Tischchen und eine Wanduhr. Dann ein Schrank – nicht mehr und nicht weniger als eben ein Schrank, ein Aufbewahrungsort für Mäntel und Hüte. Sie klopfte Wände, Boden und Decke ab, konnte aber keine Hohlräume entdecken.

Sie betrat den ersten Raum, ein Wohnzimmer. Yvette fiel auf, daß Garst erstklassig eingerichtet war, weitaus besser als die Markgräfin, wenn auch weniger auffallend. Offenbar ein Mann mit Geschmack. Es gab hier für sie allerhand zu durchsuchen, besonders zwei Reihen von Bücherregalen an der Wand gegenüber. Mit ihrer Berufsroutine brachte sie es bald hinter sich. Der nächste Raum, ein Speisezimmer, war sparsamer möbliert, und auch er erwies sich als »sauber«.

Eine Tür führte vermutlich in die Küche, eine andere, kleinere war versperrt und bildete ein Hindernis. Eine rasche Untersuchung ergab, daß der Raum mechanisch und nicht elektrisch gesichert war. Die Tür war an kein Alarmsystem angeschlossen.

Sie wandte ihren Laserbohrer nun auf andere Art an, brannte das Schloß einfach heraus und trat ein.

Es schien eine Art Arbeitszimmer zu sein, sehr behaglich eingerichtet. Gleichzeitig aber haftete ihm etwas Bedrohliches an. In einer Ecke stand ein Schreibtisch, übersät mit Papieren, Rollen und buchartig gehefteten Bändern. Der Abfallkorb war voller Zigarettenstummel und Drogenstengel und roch auch danach.

Yvette trat an den Schreibtisch und überflog einige der Papiere. Sie konnte die Zeichen im infraroten Licht schwer erkennen, es handelte sich aber offenbar um Zahlenkolonnen. Es war nur natürlich, daß der Erste Rat der Markgräfin sich mit mancherlei Papierkram zu befassen hatte, dennoch fragte sich Yvette, ob sich diese Zahlenkolonnen nicht ebensogut auf einen völlig anderen Interessenkomplex beziehen könnten. Sie nahm ihre Minikamera zur Hand und lichtete die beiden Seiten ab, um sie später in aller Ruhe durchsehen zu können.

Als sie mit den offen daliegenden Papieren fertig war, rüttelte sie an den Schubladen, um dort hineinzusehen. Sie waren versperrt, ließen sich jedoch mit einem so einfachen Werkzeug, wie es ihr Taschenmesser war, öffnen. Es gab da das übliche Büromaterial und Papier, aber auf dem Boden einer Lade entdeckte sie ein Geheimfach mit einer Anzahl buchartig zusammengefaßter Spulen. Möchte nur wissen, warum er sie wohl versteckt, dachte Yvette. Ob sie die Statistiken seiner kriminellen Organisation enthielten?

Ihre scharfen Ohren vernahmen ein leises Geräusch hinter sich. Blitzschnell drehte sie sich um und langte gleichzeitig nach dem Stunner in ihrer Tasche. Aber da flammten schon die Lichter auf und blendeten sie hinter ihren Brillen derart, daß sie nicht erkennen konnte, wer sie überrascht hatte.

»Ruhig, Gospoza«, sagte eine kühle Stimme. »In diesem Moment sind vier Schußwaffen auf Sie gerichtet. Ich schlage vor, Sie nehmen die Hände ganz langsam aus der Tasche.«

Da sich nun ihre Augen rasch an das Licht gewöhnten, konnte sie erkennen, daß der Sprecher nicht Garst, sondern ein kleiner, rundlicher Mann war. Und er hatte die Wahrheit gesagt, denn hinter ihm standen drei andere, alle mit Stunnern bewaffnet.

Yvette tat, wie ihr befohlen, und wartete den präzisen Augenblick ab, bis die Bewaffneten mit ihrer Aufmerksamkeit nachließen und sie etwas unternehmen konnte. Ihr einziger Vorteil lag darin, daß die Männer wahrscheinlich nicht darauf gefaßt waren, daß eine Frau so schnell und handfest reagieren konnte wie sie.

Als der Kleine sah, daß sie keine Waffe in der Hand hielt, beruhigte er sich. »Schon viel besser. Und jetzt werfen Sie die Handtasche dort hinüber.« Wieder gehorchte Yvette. »Garst hat etwas Ähnliches erwartet«, fuhr der Mann fort. »Als wir entdeckten, daß Sie unserem Spürhund im Hotel entwischt waren, kamen wir direkt hierher.« Er trat bis auf einen Meter an sie heran und ließ die Mündung seiner Waffe unmerklich sinken. »Würden Sie so gut sein und mir die Buchspulen überreichen?«

Mit einer lässigen Handbewegung hob Yvette die linke Hand und strich sich eine blonde Haarsträhne aus den Augen. Die Perücke war auf ihrem Kopf mit einem besonderen Klebemittel befestigt, der sich bei starkem Anziehen lösen würde, ohne ihr echtes Haar mitzureißen. »Da Sie so höflich darum bitten . . .«, sagte sie ruhig, nahm die Spulen mit der Rechten vom Schreibtisch und reichte sie dem Mann.

Als er die Hand danach ausstreckte, handelte Yvette. Sie riß mit der Linken die Perücke vom Kopf und schleuderte sie dem Mann mitten ins Gesicht. Instinktiv hob er beide Arme, um seine Augen zu schützen, und Yvette nützte die Blöße, die er sich damit gab, aus. Vorwärts springend, rammte sie ihre kräftige rechte Faust – die noch immer die Spule umschlungen hielt – in seinen Solarplexus. Der Mann stieß ein jämmerliches Ächzen aus und fiel schmerzgekrümmt zu Boden. Er würde ihr mehrere Minuten lang nicht mehr in die Quere kommen.

Blieben noch die anderen drei. Doch Yvette war noch im Schwung, während die anderen sich erst zu rühren begannen. Alle drei hatten mit dem Rücken zur Wand hinter ihrem Anführer gestanden, und das ließ ihnen wenig Bewegungsfreiheit. Yvette brachte sich durch Drehung in eine solche Position, daß sie seitlich von den dreien zu stehen kam, so daß nur der ihr Zunächststehende die Möglichkeit hatte, auf sie anzulegen, während sein Körper die Schüsse der anderen zwei blockierte.

Blitzartig schlug sie dem Mann die Waffe aus der Hand, der Stunner krachte gegen die Wand und fiel zu Boden. Noch ehe er sanft auf den Boden prallte – dies eine Folge der geringen Schwerkraftverhältnisse auf Vesa –, hatte Yvette bereits den rechten Fuß in der Höhe und trat zu. Der Mann taumelte rücklings gegen seine zwei Gefährten, und das Trio verlor gemeinsam das Gleichgewicht.

Yvette hatte ihre Balance nach dem schwungvollen Tritt bereits wiedergewonnen und sprang auf die drei zu. Sie riß jeden der Männer hintereinander an den Haaren und ließ deren Köpfe kräftig gegen den Boden knallen. Alle drei waren jetzt im Land der Träume, und der Kampf war fünfzehn Sekunden nach ihrem ersten Schachzug mit der Perücke beendet.

Sie trat vor den untersetzten Mann, der das große Wort geführt hatte, nahm dessen Stunner und setzte sich anmutig auf den Schreibtischrand, die Mündung der Waffe direkt auf ihn gerichtet. Er hustete und keuchte zunächst, und als sie das Gefühl hatte, er wäre wieder sprechbereit, stieß sie ihn mit der Schuhspitze an. »Wo ist Garst?«

Der Mann schüttelte den Kopf. »Weiß nicht.«

»Er ist doch das Oberhaupt eurer Mördergilde – stimmt's?«

»Ja . . . aber . . . er ist weg.«

Yvette verzog das Gesicht. Sie hatte jetzt zwar den Beweis, den sie brauchte, aber nicht den Mann. »Wo ist sein Terminkalender?«

»Oberste Lade.«

Yvette fand rasch das Gesuchte und sah unter dem entsprechenden Datum nach. Der Eintragung nach befand sich Garst jetzt im Palast der Markgräfin Gindri. »Danke für Ihre Mithilfe«, sagte sie und drückte den Abzughebel des Stunners. Der Mann brach unter dem Schuß von der Stärke vier zusammen, und Yvette konnte sicher sein, daß er mindestens zwei Stunden lang bewußtlos sein würde.

Sie trat an den Schreibtisch und stellte eine telefonische Verbindung mit der Privatnummer von Marask Kantana her. Als die SOTE-Chefin antwortete, gab sich Yvette zu erkennen und bat, man möge unverzüglich alle verfügbaren Agenten auf Vesa abstellen. Einer sollte sich in Garsts Haus der vier Bewußtlosen annehmen, die anderen sollten sich mit Yvette im Palast der Markgräfin treffen.

Kantana stimmte zu. Wenn die Agentin Periwinkle einen Befehl gab, mußte jeder SOTE-Chef, der seinen Beruf ernst nahm, ohne weitere Fragen gehorchen. Sie teilte Yvette mit, daß es zwei Stunden dauern würde, von Chandakha auf die Vesa zu kommen, aber nicht eine Sekunde länger. Yvette war damit einverstanden und legte auf. Sie hatte inzwischen noch einiges zu erledigen.

Zunächst sorgte sie dafür, daß alle vier Gauner in einen Betäubungszustand versetzt wurden, der sie bis zur Ankunft des nächsten SOTE-Agenten aktionsunfähig machte. Dann holte Yvette ihre Handtasche aus der Ecke, und lief ohne Rücksicht auf Vorsichtsmaßnahmen aus dem Haus, winkte ein Jit herbei und gab als Ziel den Palast der Markgräfin an. Der Fahrer war von Yvettes Erscheinung einigermaßen überrascht – schließlich stattete man der Herzogin normalerweise nicht um diese Zeit in einer solchen Aufmachung und zerraufter Frisur einen Besuch ab. Er enthielt sich jedoch jeglichen Kommentars, als Yvette ihm eine Banknote in die Hand drückte, um ihn zu größerer Eile zu bewegen.

Die Zeit der Heimlichtuerei war nun vorbei, eine Tatsache, die Yvette sehr erleichterte. Die Adrenalinwellen in ihrem Körper wurden nun von Rachegelüsten ergänzt, wenn sie Daks hübsches Gesicht im Geiste vor sich sah. Dak – jetzt kann ich es ihnen endlich heimzahlen, dachte sie bewegt, während der Jit durch die Tunnels von Vesa rollten. Erregt verkrampfte sie ihre Hände.

Als das Gefährt vor dem Palast anhielt, sprang sie heraus und eilte zu den massiven Eingangstoren. Zu beiden Seiten waren Torwachen postiert. Yvette hatte jetzt keine Zeit, um zu ergründen, ob es sich um rechtschaffene Bedienstete oder etwa um Kreaturen Garsts handelte. Und um jedes Risiko auszuschalten, verpaßte sie ihnen einen Schuß von der Stärke vier aus ihrem Stunner. Vor dem Verlassen des Hotelzimmers hatte sie sich vergewissert, daß Myersons Waffe voll geladen war. Das bedeutete, daß sie noch fünfzig Schuß zur Verfügung hatte. Und so viele Bedienstete würden wohl nicht vorhanden sein. Also konnte sie jeden, der ihr in den Weg trat, mit einer Ladung bedenken. Es beruhigte sie dabei, daß der Stunner eine so humane Waffe war – sie konnte ihn bedenkenlos anwenden, ohne in aller Eile über Schuld oder Nichtschuld entscheiden zu müssen. Es gab ja keine dauernden Folgeschäden, falls sie sich einmal geirrt haben sollte.

Ohne sich aufzuhalten, passierte sie die Tore und betrat nun den Palast selbst. Während sie die langen, kalten Gänge entlanglief, schoß sie jeden, der ihr begegnete, mit präziser Treffsicherheit an, eine Reihe bewußtloser Körper in ihrem Kielwasser hinter sich lassend.

Die rechtmäßige Herrscherin über Vesa lag in ihrem enormen üppigen Bett und vertilgte eine Mahlzeit, die für sie wahrscheinlich einen kleinen Imbiß darstellte – einen kleinen Kapaun, eine Gemüseplatte und einen Pokal Weißwein. Yvette war so rasch und leise durch den Palast geeilt, daß die Markgräfin von ihrem Kommen völlig überrascht wurde. Sie sah erschrocken auf und erkannte mit einiger Verzögerung in Yvette jene Frau, mit der sie kurz vorher konferiert hatte. »Sie da!« rief sie aus. »Was wollen Sie hier? Wie können Sie sich erdreisten . . .?«

Yvette beachtete die Dicke zunächst nicht weiter. Dies hier war der letzte Raum des Palastes, und bis jetzt hatte sie noch keine Spur von Garst entdecken können – und hier war er auch nicht. Sie wandte sich mit schußbereiter Waffe an Markgräfin Gindri und unterbrach deren Tirade. »Wo ist Garst?« fragte sie.

Die Markgräfin war aufs höchste verwirrt, als sie eine Waffe auf sich gerichtet sah. Das war ihr noch nie im Leben passiert. »Warum sollte ich Ihnen das sagen?«

»Wenn Sie es nicht sagen, kriegen Sie einen Schuß Nitrobarb ab, der Sie töten kann – und sagen werden Sie es mir sowieso. Es hat keinen Zweck, um Hilfe zu rufen, ich habe alle im Palast ausgeschaltet. Wir sind die einzigen hier.« Sie fuchtelte bedrohlich mit dem Stunner. »Und jetzt los – reden Sie!«

»Er . . . er war bis vor kurzem da«, stammelte Gindri nervös. »Dann kam ein Anruf, und er mußte fort.«

»Und was für ein Anruf war das?«

»Ich . . . ich weiß es nicht genau. Irgendwas wegen eines Spions von DesPlaines, den man gefaßt hat. Garst mußte weg – zu seinem Verhör.«

Yvettes Herzschlag setzte einen Moment aus. Spion von DesPlaines? Das konnte nur Jules sein. Vor einer Woche hatte sie in der Zeitung seine Nachricht gefunden, daß er nach Chandakha fahre. Wann war er zurückgekehrt, und wie wurde er gefangen? Das mußte sie in Erfahrung bringen. Sie packte die fette, häßliche Frau an den Schultern und grub die Finger tief in das weiche Fleisch: »Wo wollte er hin?«

»Ich weiß nicht . . . warten Sie . . . ich glaube, er sagte etwas von der Recycling-Anlage. Auf diese Weise könnten sie sich nachher ganz leicht des Toten entledigen, sagte er.«

»Wann war das?«

»Vor fünfzehn, vielleicht auch zwanzig Minuten.«

Vielleicht ist es noch Zeit, dachte Yvette. Sie sah auf die Uhr – noch mehr als eine Stunde, bis Kantana mit ihren Leuten eintraf. So lange kann ich nicht warten, entschied sie. Das Leben von Jules steht auf dem Spiel.

»Danke für Ihre Mithilfe«, sagte Yvette, »auch wenn sie unfreiwillig geleistet wurde!« Sie betäubte die Markgräfin mit einer Ladung, Stärke vier, wie sie es auch bei allen anderen getan hatte.

Sie entnahm ihrer Tasche Stift und Papier und schrieb hastig eine verschlüsselte Nachricht nieder, welche die Situation erläuterte und angab, wo sie anzutreffen sei. Dann hinterlegte sie diese Nachricht so, daß sie von Kantana beim Eindringen in den Palast nicht übersehen werden konnte.

Hoffentlich komme ich nicht zu spät, dachte sie verzweifelt, während sie ungeduldig auf ein Jit wartete, das sie zur Recycling-Anlage bringen sollte.

XIII

Der Kampf in der Recycling-Anlage

Jules erlangte nur langsam das Bewußtsein wieder. Als erstes wurde ihm ein Druck auf der Brust bewußt, das Atmen bereitete ihm Schwierigkeiten. Er begann zu keuchen, war aber durch irgend etwas daran gehindert, seinen Brustkorb so weit auszudehnen, um sich wirklich Erleichterung verschaffen zu können. Sein Mund war trocken, als hätte er ihn mit Wüstensand ausgespült. Die Kehle war wund, er konnte kaum schlucken. Schmerzhaft verzog er sein Gesicht, als er versuchte, eine kleine Speichelmenge zu schlucken, die seine Drüsen mühsam produziert hatten.

Er war vollkommen benommen, in seinem Kopf dröhnte es. Er fühlte sich körperlich schwerelos, als schwebe er auf den Wogen eines gallertigen Meeres dahin. Das Bewußtsein kam und schwand abwechselnd, allmählich nahm er wahr, daß er sich entweder draußen im Weltraum oder wieder auf Vesa befinden mußte, wo die Schwerkraft viel geringer war als auf Chandakha. Aber im Moment waren das Fragen rein akademischer Natur. Sein Denken war noch zu ungeordnet, um sich über diese Dinge Gedanken zu machen.

Er versuchte die Augen zu öffnen, aber seine Lider schienen verklebt zu sein. Um ihn herum war Licht – das erkannte er an dem rötlichen Schein, der durch die Lider drang. Um ihn herum waren Stimmen, die aus einem Geräuschnebel zu ihm drangen und wieder verschwanden, einzelne Worte vermochte sein Gehirn nicht zu erfassen. In diesem Zustand der Apathie trieb er unendlich lange, gleichgültig gegenüber allem, was mit ihm geschah.

Aus diesem Traumzustand wurde er erst herausgerissen, als ihn eine Hand kräftig auf die rechte Wange schlug. Dieser Schock bewirkte, daß er die Augen öffnete und die Denkprozesse in seinem Gehirn in Bewegung gesetzt wurden. Er sah jetzt – aber nur verschwommen, verdoppelt. Es bedurfte aller Kraft seines noch immer tauben Bewußtseins, um sich auf seine Umgebung konzentrieren und etwas wahrnehmen zu können.

Vor ihm stand ein hagerer Mann, den er erst nach geraumer Weile als jenen erkannte, der damals im Lagerraum den Vorsitz geführt hatte. Hinter ihm zwei Dutzend anderer, ebenso furchteinflößender Gestalten. Das Gesicht des Mannes war zu einem rachsüchtigen Grinsen verzerrt, als er auf Jules hinunterstarrte, der nun feststellen mußte, daß er mit gefesselten Händen und Füßen auf einem Sessel saß. »Na«, dröhnte die Stimme des Mannes in Jules' Ohren. »Sind Sie endlich aufgewacht?«

Jules war einer Antwort unfähig. Seine Zunge lag wie ein Bleiklumpen im Mund und wollte ihm nicht gehorchen. Langsam lichtete sich der Nebel um ihn herum, und nun verspürte er einen ekelerregenden, faulen Geruch in der Luft. Es schien eine Mischung sämtlicher dem Menschen bekannter übler Gerüche zu sein, angefangen vom Fäkaliengestank bis zum Gestank faulenden Fleisches. Jules suchte seine Nase dagegen zu verschließen – ein aussichtsloses Unterfangen. Er mußte sich schließlich damit begnügen, so viel wie möglich durch den Mund zu atmen.

Der Mann baute sich vor Jules auf und schlug ihn abermals – diesmal mit der anderen Hand. Er schlug so kräftig zu, daß Jules' Zähne buchstäblich zu klappern begannen. Jules geriet in Wut und hatte alle Mühe, an sich zu halten. Nicht umsonst hatte ihn einst sein Vater gelehrt, daß die Redewendung »den Kopf verlieren«, mit »Fassung verlieren« Hand in Hand geht. Ein von Zorn geblendeter Mensch konnte leicht eine Gelegenheit verpassen, die einem Besonneneren nicht entging. Ich sollte dankbar sein, daß er mich schlägt, dachte Jules. Damit bringe ich die Betäubung rascher hinter mich – ein Vorteil zu meinen Gunsten.

Er bemühte sich, den starren Ausdruck seines Blickes beizubehalten, während er sich im Raum umsah. Es war ein großer Raum, sicher einer der größten, die er je gesehen hatte. An der Decke verliefen Rohre verschiedener Durchmesser, von denen einige durch die Wand in andere Räume geleitet wurden, andere wiederum mit riesigen Kesseln in Verbindung standen, die wie riesige Schildwachen am Boden standen. Das kleinste dieser Gefäße war mindestens fünf Meter hoch und hatte einen Durchmesser von acht Metern, von anderen, viel größeren jedoch noch weit überragt. Metalleitern führten zu diesen Gefäßen hinauf, an deren oberem Rand Laufstege vorhanden waren. Und allgegenwärtig ekelhafter Gestank nach Tod und Verderbnis.

»Sie werden etliche Antworten geben müssen«, sagte der Mann vor Jules und zwang den DesPlainianer, seine Aufmerksamkeit näherliegenden Problemen zuzuwenden. »Auf die Suche nach Ihnen mußten wir viel Zeit und Energie aufwenden, Dinge, die uns ganz und gar nicht behagen.«

Jules' Zunge fühlte sich nun weniger pelzig an, und er konnte wieder sprechen. »Hätte ich das geahnt«, brachte er undeutlich hervor, »so hätte ich meine Visitenkarte hinterlassen.«

Der Frager schlug ihm erneut ins Gesicht, aber diesmal war Jules darauf gefaßt und drehte den Kopf so, daß der Schlag gemildert wurde. »Frechheit wird bei uns nicht geduldet«, sagte der Mann barsch. »Eines muß man Ihnen lassen: Sie haben sich wacker gehalten. Außerdem ist es noch niemandem zuvor geglückt, sich in unser Ausbildungslager einzuschmuggeln. Sie müssen es mit Unterstützung geschafft haben – mit sehr hochgestellter Unterstützung.«

Jules mußte seinen Befrager von dieser Gedankenkette abbringen. Wenn der Kerl nämlich die Idee weiterverfolgte, mußte er zu dem logischen Schluß kommen, daß Jules für den SOTE tätig war. Denn nur der Service war imstande, falsche Vorstrafen zu bescheinigen, ihn ins Gefängnis zu schmuggeln und ihn auf so überzeugende Art wieder herauszubringen. Und wenn diese Gauner auch nur den entferntesten Verdacht schöpften, daß der SOTE hinter ihnen her wäre, würden sie das Weite suchen und der Service müßte sich wieder durch die Finger schauen. Ganz zu schweigen davon, daß Jules augenblicklich ein toter Mann wäre.

Um den Mann von solchen unerwünschten Schlußfolgerungen abzubringen, sagte Jules: »Ach was – das war doch kein Problem. Ihr würdet auch einen schielenden Nangabat aufnehmen, wenn er herbeigeflogen käme und um Aufnahme bäte.«

Der Mann wollte wieder zuschlagen, hielt jedoch mitten in der Bewegung inne. »Nein, das reicht für den Moment. Wir werden uns ein anderes Vergnügen für dich ausdenken müssen . . .«

Da ertönte ein Pochen an einer der Türen. »Laßt ihn rein!« rief der Mann einem anderen zu. Dann überlegte er und sagte: »Nein – ich werde selbst öffnen. Es könnte Garst sein.«

Während er sich entfernte, folgten ihm die Blicke der anderen. Alle Blicke, bis auf die eines jungen Mannes, der sich leise von einer Gruppe absonderte, sich zwischen den Bottichen durchzwängte und sich Jules näherte. Dieser erkannte den Jungen als Radapur, den er vor Rasks irrem Angriff auf dem Raumflughafen gerettet hatte.

Keiner bemerkte, daß Radapur sich Jules genähert hatte. Der Junge hielt ein scharfes Messer umklammert. Sein Gesichtsausdruck war undeutbar, denn in dem jungen Mann kämpften einander widersprechende Gefühle. Und Jules fragte sich – kommt er, um mich zu töten oder zu befreien?

Jetzt stand Radapur hinter ihm und zerschnitt mit ein paar hastigen Schnitten Jules' Fesseln. »Die Schuld ist beglichen«, flüsterte der Junge in großer Erregung. »Mehr kann ich nicht tun.« Und er bewegte sich wieder so schnell weg, daß Jules es gar nicht geglaubt hätte, wären da nicht die zerschnittenen Fesseln gewesen.

Im Moment bot sich ihm leider keine Chance für einen Ausbruchsversuch, denn die Tür wurde rasch geöffnet und geschlossen, und die Aufmerksamkeit wandte sich wieder ihm zu. Die Fesseln hingen jetzt loser an ihm, und Jules hoffte inständig, daß dies niemandem auffiel, bis er einen Ausbruch wagen konnte.

»Scheußlich«, sagte der Neuankömmling. »Ich hatte den Gestank hier schon völlig vergessen. Bin froh, daß ich hier nicht mehr so oft zu tun habe. Wo ist der Spitzel?«

»Da drüben.« Der große Mann führte den Neuen vor Jules hin. Nach der ehrerbietigen Haltung des Großen gegenüber dem Neuen zu schließen, mußte es sich bei letzterem um einen wichtigen Mann innerhalb der Organisation handeln – vielleicht um den Big Boß persönlich. Jules starrte das Gesicht an. Nein, er hatte diesen Kerl noch nie gesehen. Dieses Gesicht voll Kälte und Skrupellosigkeit.

Während Jules das Gesicht studierte, studierte der Boß – man nannte ihn Garst – seinerseits Jules. »Ein DesPlainianer, tatsächlich«, überlegte er laut. »Die Haut natürlich gefärbt, aber trotzdem . . . die Ähnlichkeit mit dem Mädchen ist unverkennbar.«

Yvette! Hatte sie mit dem Burschen schon zu tun gehabt? Wenn ja – was war passiert? Warum lief der Kerl noch frei herum? Was war aus seiner Schwester geworden? Diese und tausend andere Fragen jagten durch Jules' Kopf. Nur mit größter Willensanstrengung schob er sie beiseite und konzentrierte sich auf seine gegenwärtige Lage. Später konnte er sich wegen Yvette Sorgen machen, wenn er selbst weniger gefährdet wäre.

Garst gab ihm keine weiteren Fingerzeige in dieser Richtung. Statt dessen wandte er sich an seinen Stellvertreter und fragte: »Na, Lessin – was haben Sie bis jetzt von ihm erfahren?«

»Noch gar nichts. Er ist eben erst aufgewacht. Ich wollte warten, bis Sie kommen, ehe ich ihm das Zeug verpasse. Sie wissen besser, was Sie ihn fragen wollen.«

Garst nickte. »Gut, macht weiter.«

Lessin griff in einen Lederbeutel an seinem Gürtel und holte einen mit einer klaren Flüssigkeit gefüllten Hypospray hervor. Das »Zeug«, wie er es genannt hatte, konnte nur Nitrobarb sein, welches sein Opfer für zwanzig Minuten in ein Koma versenken würde. Und nachher würde Jules alle an ihn gestellten Fragen beantworten. Für Jules bedeutete dies das Todesurteil. Auch wenn die Droge ihn selbst nicht tötete, würden Garst und seine Leute ihm den Rest geben, sobald sie erfahren hätten, was sie wissen wollten. Sein Leben stand auf dem Spiel – er mußte sofort handeln.

Während Lessin sich ihm mit der Sprühdose näherte, hob Jules plötzlich einen Fuß und trat dem Würger mitten in den Leib. Der Mann stieß ein schmerzliches und überraschtes Grunzen aus und fiel rücklings zu Boden. Die Sprühdose fiel ihm aus der Hand, rollte durch den ganzen Raum, zerbarst sodann und verschüttete den tödlichen Inhalt in völliger Harmlosigkeit auf den Boden.

Aber ehe dies geschah, waren alle im Raum aktiv geworden. Garst, dessen Reaktionsvermögen besser war, als Jules gedacht hatte, wich in dem Augenblick vor ihm zurück, als er gegen Lessin trat, und langte in die Tasche nach seiner Waffe. Alle übrigen – zwei Dutzend Bewaffneter – hatten Jules bereits in Aktion erlebt und waren daher auf allerhand gefaßt. Sogar Radapur faßte nach seiner Waffe. Offenbar hatte der Junge das Gefühl, er hätte mit dem Zerschneiden der Fesseln seine Schuld beglichen und es würde nunmehr keine Rücksichten mehr geben. Jules akzeptierte dies als eine weitere, lebensgefährliche Tatsache und verhielt sich dementsprechend.

Eigentlich hatte er gehofft, er könnte Garst fassen und ihn als Geisel vor sich haltend, aus dem Raum gelangen – aber der Mann stand jetzt außer Reichweite. Außerdem bestand bei einer Gruppe, wie dieser hier, die Möglichkeit, daß einer der untergeordneten Handlanger die Situation ausnützte und den Boß bei dieser Gelegenheit umlegte, um selbst die Führung zu übernehmen. Gewiß würde das, auf lange Sicht gesehen, zur Auflösung der Gruppe führen, zu inneren Rivalitäten. Aber dies alles nützte Jules im Moment gar nichts.

Der SOTE-Agent erfaßte die Lage sofort. Sämtliche Gegner waren bewaffnet. Einige nur mit Stunnern, die meisten mit schweren Schießeisen – Strahlwaffen schwersten Kalibers. Das Spiel hier wurde um den letzten Einsatz gespielt, bei dem sich Jules keinen einzigen Fehler erlauben konnte. Ein Ausrutscher – und er war geliefert.

Er sprang auf und schnellte in die von Garst entgegengesetzte Richtung. Der weite und hohe Sprung brachte ihn zwar momentan in eine verwundbare Position, da er infolge der geringen Schwerkraft mehrere Sekunden brauchte, bis er wieder landete. Aber sein Akrobatentraining kam ihm wieder einmal zugute, da er, zu einer Kugel zusammengerollt, durch die Luft flog und so seinen mordgierigen Gegnern nur ein kleines Ziel bot. Er verspürte sengende Hitze, als mehrere Strahlenschüsse knapp an ihm vorbeizischten, aber zum Glück waren diese Mörder zwar geübte Würger, im Umgang mit Waffen jedoch keine Meister.

Jules hatte seinen Sprung so bemessen, daß er hinter einem großen Kessel landete. Er richtete sich auf und nahm wahr, daß die Schüsse jetzt nicht mehr in seine unmittelbare Nähe gingen. Er befand sich außerhalb der direkten Schußlinie und daher in Sicherheit – im Augenblick wenigstens.

»Gebt beim Schießen acht!« rief Garst. »Wir dürfen hier nichts kaputtmachen, sonst werden wir überschwemmt! Nur Stunner einsetzen, es sei denn, einer hat ein freies Schußfeld. Keine unnötige Hast – denkt daran, es gibt nur den Ausgang, den wir bewachen. Er sitzt in der Falle, und wir sind ihm zahlenmäßig überlegen. Nur eine Frage der Zeit, das alles.«

Garst hat recht, sagte sich Jules, eine Grimasse schneidend. Solange er unbewaffnet war und Bewaffnete an der Tür standen, waren seine Fluchtchancen gleich null. Er konnte stundenlang hier herumhüpfen und seine Kräfte verschleißen, während die anderen ihn in aller Ruhe belauerten. Sich eine Waffe anzueignen, wäre zwar sehr nützlich gewesen, aber in der Zwischenzeit mußte er eben in Bewegung bleiben und vermeiden, daß der Feind ihn richtig ins Visier bekam.

Er sprang auf eine Leiter, die an dem ihm nächststehenden Kessel hinaufführte. Er nahm jeweils fünf Sprossen auf einmal und hatte rasch die oberste erreicht. Laufschritte verrieten ihm, daß die Verfolger sich seinem vorherigen Standort näherten.

Er drehte sich um, stemmte sich gegen die Leiter und machte einen Sprung zum nächsten, etwa fünf Meter entfernten Kessel. Der Sprung dünkte ihm furchtbar langsam, weil die geringe Schwerkraft größere Schnelligkeit verhinderte. Einer der Männer unten erspähte ihn mitten im Sprung und feuerte einen Schuß ab, der harmlos an ihm vorbeipfiff, während Jules nach seinem Sprung endlich auf der Laufplanke am oberen Rand des Kessels gelandet war.

Dabei hätte ihn der Vorwärtsschwung beinahe kopfüber in den Kessel befördert, doch konnte er im letzten Moment das Geländer erfassen und dies verhindern. Als er sich dabei über den Rand des Kessels beugen mußte, bekam er eine ordentliche Nase voll von dessen Inhalt – Hunderttausende Liter menschlicher Abfallprodukte. Obwohl man alle Anstrengungen gemacht hatte, den Geruch zu neutralisieren, war noch kein hundertprozentiger Erfolg erzielt worden. Die Gerüche waren so überwältigend, daß Jules keuchend und würgend in die Knie ging. Das muß die Recycling-Anlage sein, sagte er sich, während er hilflos dakniete. Und wenn ich nicht selbst drin landen und aufbereitet werden möchte, muß ich zusehen, daß ich mich weiterbewege.

Noch immer vom Brechreiz gewürgt, erhob er sich und lief den Rand des Kessels entlang. Schüsse wurden auf ihn abgefeuert, gingen aber daneben. Ein Schuß traf eines der über ihm verlaufenden Rohre und brannte ein Loch hinein. Der umliegende Bereich wurde mit einer dampfenden, salzigen Flüssigkeit besprüht. Mit gebeugtem Kopf lief Jules weiter, um zu vermeiden, daß die Flüssigkeit in seine Augen drang. Unter ihm beschimpfte Garst seine Leute und ermahnte sie, sorgfältiger zu zielen.

Von seinem Hochstand aus konnte Jules einen Mann sehen, der etwas seitlich stand, abgesondert von seinen Kameraden und deren Blicken entzogen. Nach einem Anlauf stieß sich Jules ab und sprang nach unten und fiel diesmal schneller als sonst, weil er sich genau in die richtige Richtung abgestoßen hatte. Mitten in der Luft drehte er sich katzengeschmeidig, um mit den Füßen nach unten anzukommen. Bei Erdschwerkraft hätte ein Fall aus solcher Höhe für einen Ungeübten tödlich enden können, konnte auch selbst auf Vesa ernste Folgen haben, aber Jules wußte genau, was er wollte.

Seine Füße trafen den abseits stehenden Gangster genau unter dem Kinn und auf der Brust. Der Mann brach auf dem Boden zusammen, sein Körper fing Jules' Fall auf und milderte so dessen Anprall. Jules machte eine Rolle, er ergriff die Waffe des Mannes – leider nur ein Stunner –, und begann zu laufen. Er erreichte den nächsten Kessel, erklomm erneut eine Leiter und schaffte es auch bis zur Hälfte, als er wieder gesichtet wurde. Der Mann, der ihn erspäht hatte, stieß einen Schrei aus. Jules schickte ihn mit einem präzisen Schuß schlafen.

Er schaffte es weiter bis an den Rand des Kessels und hielt von dort wieder Ausschau. Der Kessel beinhaltete wieder Abfall jeglicher Art, und der Geruch war keineswegs angenehmer als vorhin. Von seinem Standpunkt aus konnte Jules jetzt die Tür gut einsehen, ebenso die zwei Männer, die sie bewachten. Da sie nicht unmittelbar an der Jagd auf ihn beteiligt waren, hatten sie keine Ahnung, wo er sich jetzt befand. Sie behielten den Raum nervös im Blick und erwarteten seinen Ausbruch in ihre Richtung, bereit, ihn niederzumachen.

Zwei rasche Schüsse, mehr brauchte Jules nicht, um sie zu erledigen. Eigentlich hatte er gehofft, es würde in der allgemeinen Aufregung niemand bemerken, daß er sie ausgeschaltet hatte und daß er unbemerkt durch die Tür würde entkommen können. Aber Garsts scharfe Augen entging nicht, daß die beiden schwer getroffen waren. In rüdem Ton beorderte er zwei weitere Mann zur Bewachung der Tür und befahl ihnen, sich dabei in Deckung zu begeben – hinter zwei Kesseln –, dabei die Tür ins Visier zu nehmen und jeden, der zu entkommen versuchte, ins Kreuzfeuer zu nehmen.

Ein Strahl traf das Geländer, nur Zentimeter von Jules' Hand entfernt, so daß das Geländer an jener Stelle zu schmelzen begann. Jetzt konnte sich Jules nicht mehr daran festhalten. Er feuerte auf den Mann, der auf ihn geschossen hatte, doch der andere war zu rasch in Deckung gegangen.

Es sind zu viele, dachte Jules keuchend und sich nach einem neuen Standort umsehend. Ich kann nicht ewig so weiterhüpfen. Früher oder später wird mich einer erwischen. Gleichzeitig aber mußte er sich sagen, daß er keine andere Wahl hatte und es einfach versuchen mußte.

Eben, als er sich auf den nächsten Sprung konzentrierte, sprang die Tür nach innen auf – und Yvette raste mit schußbereitem Stunner in der Hand herein. Sie hielt kurz inne, um sich über die Lage einen Überblick zu verschaffen, während alle anderen wie erstarrt dastanden, erschrocken über diese unerwartete Entwicklung. Die Wachen, welche die Tür im Auge zu behalten hatten, waren unentschlossen, wie sie sich zu verhalten hätten. Ihre Unentschlossenheit würde jedoch nur eine Sekunde dauern – und Yvette stellte, wie sie jetzt dastand, eine ideale Zielscheibe für sie dar, wenn Jules sie nicht warnte.

Der uralte Zirkusruf »Allez« hatte Jahrhunderte überdauert, und als Jules ihn erschallen ließ, bewirkte er eine sofortige Reaktion seiner Schwester. Sie ließ sich zu Boden fallen, und zwei Strahlenschüsse zischten an jener Stelle durch die Luft, wo noch eine Zehntelsekunde vorher ihr Kopf gewesen war. Mit einer schwungvollen Rolle kam sie wieder auf die Beine.

Durch Yvettes plötzliches Auftauchen fühlte sich Jules wie neugeboren. Das Verhältnis zwanzig zu eins war hoffnungslos gewesen, aber jetzt stand es immerhin zehn zu eins. Und das war ein Kinderspiel!

Mit neuerwachtem Kampfgeist vertauschte er die Rolle des Gejagten mit der des Jägers. Jeder ausgeschaltete Gegner vergrößerte die Chancen, und die Männer da unten wußten, daß sie es nun mit zweien zu tun hatten. Jetzt mußten sie doppelt auf der Hut sein, um nicht von Jules' neuem Bundesgenossen hinterrücks erwischt zu werden. Sie spürten sofort die Veränderung in der Atmosphäre und gingen in die Defensive.

Yvette, wieder auf den Beinen, durchraste in kalter Wut den Raum wie ein Wirbelwind. Sie schien keine Furcht zu kennen, flitzte mit Höchstgeschwindigkeit zwischen den Kesseln herum, hielt manchmal auch direkt auf eine Gruppe der Mörder zu. Einmal brachte sie vier Mann in zwei Sekunden zu Fall, als sie überraschend auftauchte, ehe die Kerle noch reagieren konnten. Sie trieb die Würgerbande mit ihren erbarmungslosen Attacken zum Wahnsinn – und falls es dem einen oder anderen gelang, vor ihr zu fliehen, so war noch Jules da, der ihn von oben unter Beschuß nahm. Die Anzahl der Gegner verminderte sich ständig, bis sie nach einigen Minuten vollkommen in die Defensive gedrängt waren und zwischen dieser Scylla und Charybdis DesPlainianischen Temperaments um ihr nacktes Leben kämpften.

Noch nie hatte Jules seine Schwester derart in Aktion gesehen, noch nie so kaltblütig in Erfüllung eines Auftrages. Sie nahm lebensgefährliche Risiken auf sich – manche ganz unnötig. Es war, als kenne sie keine Todesangst. Heute ist sie ein wahrer Dämon, dachte er, als er sie wie einen schwarzen Schatten über den Boden flitzen sah. Möchte wissen, was in sie gefahren ist. Doch war er selbst viel zu beschäftigt, um darauf viel Gedanken verschwenden zu können.

Schließlich war nur Garst allein übriggeblieben. Er hatte sich im äußersten Winkel des Raumes versteckt, von mehreren Seiten durch Apparaturen geschützt. Aber er wußte, daß er keine Chance mehr hatte, da sich jetzt zwei DesPlainianer auf ihn konzentrierten. Verzweifelt lief er los und versuchte die Tür zu erreichen, bevor die zwei SOTE-Agenten noch an ihn herankommen konnten.

Jules mußte feststellen, daß er von seinem Standort aus Garst nicht fassen konnte, zudem war dieser außerhalb der Stunner-Reichweite. Daher sprang Jules von einem Kessel zum anderen, um die Tür noch vor Garst zu erreichen. Yvette hingegen konnte Garst direkt angreifen.

Garst war ihr ziemlich voraus, doch Yvette bewegte sich mit übermenschlicher Geschwindigkeit und holte ungeheuer auf. Vor einer großen, in eine Nebenräumlichkeit führenden offenen Tür mit der Aufschrift »Chemische Wiederaufbereitung«, blieb der Erste Rat stehen und zielte mit seiner Waffe direkt auf Yvette. Sie wich unmerklich aus, und der tödliche Strahl traf nur Zentimeter von ihren Füßen entfernt auf dem Boden auf und versengte den Beton. Yvette verlangsamte ihr Tempo keineswegs.

Der Mann, dessen Organisation Hunderttausende kaltblütig zum Tod verurteilt hatte, war nun selbst von Todesangst erfaßt. Was da auf ihn zukam, eher Maschine als Mensch, war ein schwarzer, blutrünstiger Todesengel, der nichts anderes als seine Vernichtung im Sinne hatte. Er wollte wieder weglaufen, glitt aber auf dem Boden aus, da an dieser Stelle Flüssigkeit aus der lecken Röhre von oben auf den Boden getropft war. Er kämpfte mit ausgebreiteten Armen um sein Gleichgewicht, aber vergeblich. Mit einem Aufschrei der Todesangst fiel er im Ausrutschen durch die Tür in den dahinter befindlichen Raum und verschwand.

Jetzt verlangsamte Yvette ihr Tempo, um zu vermeiden, daß es ihr ebenso erging. Vorsichtig ging sie an die Tür und sah hinein. Unter ihr, eingerahmt von einem schmalen Sims, brodelten in einem Riesenbottich Chemikalien, welche organische Substanzen in ihre molekularen Grundstoffe ausfällten. Diese Grundstoffe wurden sodann in getrennten Behältern gefiltert und in eine für menschlichen Gebrauch geeignete Form wieder in Synthese gebracht. Wer hier hineinfiel, war sofort tot.

Sie starrte in die grünliche Flüssigkeit hinunter und verkrampfte enttäuscht die Hände. Sie war darauf aus gewesen, Garst ihre Wut spüren zu lassen. Doch tröstete sie der Gedanke, daß sein Tod kein besonders angenehmer war. Sie merkte, daß ihr Unterkiefer zitterte und kämpfte mit großer Willensanstrengung dagegen an. »Er ist dahin«, sagte sie schließlich.

Ihr Bruder kam auf sie zugelaufen und umarmte sie. Sämtliche Spannungen der letzten Tage überwältigten plötzlich Yvette wie eine Woge, und sie schmiegte sich zitternd an ihn. Jules hielt sie fest. Und schwieg. Gern hätte er sie gefragt, was es gegeben hatte, aber er kannte seine Schwester zu gut. Sie würde ihm selbst alles sagen, wenn ihr danach zumute war. In der Zwischenzeit tröstete er sie, so gut er konnte.

Yvette riß sich zusammen und lächelte ihm zu. »Das hat mich mehr mitgenommen, als ich dachte.«

Er nickte. »Und ich mußte entdecken, daß mir die Arbeit im Alleingang keinen Spaß macht. Manchmal ist man sehr einsam.«

»Ja.« Sie lächelte unsicher und sah zu Boden. »Ja, das stimmt.« Dann sah sie mit gefaßter Miene zu ihm auf. »Kantana und ihre Agenten müßten bald im Palast der Markgräfin eintreffen. Ich bestellte sie dorthin, weil ich glaubte, Garst würde dort sein. Gindri steckte mit Garst unter einer Decke, aber er war der Kopf. Als ich erfuhr, er wäre hier, hinterließ ich eine Nachricht, sie sollten nachkommen.« Sie sah sich um und begutachtete die Verwüstungen, die der Kampf mit sich gebracht hatte. »Eigentlich haben wir ihnen die Arbeit abgenommen. Warum gehst du nicht zum Palast, Jules, und hilfst ihnen dort weiter?«

»Und du?«

»Ich komme gleich nach. Ich muß hier noch ein kleines Adieu

unter vier Augen hinter mich bringen. Mehr nicht. Keine Angst, ich fühle mich tadellos.«

Jules sah sie zweifelnd an, sagte aber nichts. An der Tür drehte er sich um. Yvette stand an der Tür zu dem großen Kessel und starrte hinein. Sie hatte Tränen in den Augen – ob von chemischen Dämpfen verursacht oder von einem geheimen Kummer, konnte er nicht beurteilen. Achselzuckend drehte Jules sich um und überließ es seiner Schwester, mir ihren Gefühlen ins reine zu kommen.

XIV

Chandakhas Probleme werden gelöst

Am nächsten Tag sandten sie direkt an den obersten Chef der SOTE einen verschlüsselten Bericht ab und erhielten innerhalb von zwei Stunden Antwort. Sie sollten mit dem nächsten erreichbaren Schiff zurückkommen und die noch durchzuführende Kleinarbeit zur Liquidierung der Bande den bewährten Händen Kantanas überlassen. Es tat ihnen zwar ein wenig leid, die begonnene Arbeit nicht zu Ende führen zu können, sie beugten sich aber der weisen Entscheidung ihres obersten Vorgesetzten. Schließlich waren sie seine Top-Agenten, und es sollten ihre Talente nicht an Banalitäten verschwendet werden. Für solche Routinearbeiten gab es genügend andere Leute.

Sie sollten sich in Geduld fassen, hatte der oberste Chef gemeint, und sich bei der Heimreise Zeit lassen. Das Schiff, auf dem sie also die Passage buchten, brauchte gemütliche zehn Tage für die Fahrt zur Erde, und sie nutzten die Zeit zu ihrer emotionalen und physischen Erholung. Yvette erzählte ihrem Bruder alles über Dak, ihre Gefühle für ihn, und er tröstete sie nach besten Kräften. Als sie schließlich die Erde erreichten, hatte sich Yvette mit Daks Tod abgefunden. Der Gedanke an ihn lauerte nur mehr als dumpfer Schmerz im Hintergrund ihres Bewußtseins – wenn schon nicht vergessen, so doch um anderer Dinge willen beiseite geschoben.

Sie landeten am Raumflughafen Canaveral in Florida und fuhren im eigenen Jet-Auto zur Staatshalle des Regierungsgebäudes in Miami, wo sich die mit »Sektion vier« benannte Abteilung befand. Nach der Landung auf dem Dach benutzten sie den Privataufzug zum Chefbüro, wo sie von Herzogin Helena in aller Form empfangen wurden.

Großherzog von Wilmenhorst saß hinter seinem großen Schreibtisch, der wie gewöhnlich unter einem Berg von Akten begraben war. Hier, in dieser Umgebung, schien er sich viel wohler zu fühlen, als an Bord seines Raumschiffes. Dieses Milieu entsprach seiner ganzen Persönlichkeit am besten. Er bedeutete ihnen mit einladender Handbewegung, sich zu setzen, und Helena begab sich an die Bar und mixte den beiden automatisch eisgekühlte Orangensäfte, da sie die Vorliebe der d'Alemberts für alkoholfreie Getränke kannte.

»Wieder muß ich euch beiden zu eurer hervorragenden Arbeit gratulieren«, sagte der Großherzog, nachdem alle gemütlich Platz genommen hatten. »Das Gratulieren wird ja nun allmählich zu einer Gewohnheit – natürlich eine höchst angenehme Gewohnheit, in Anbetracht von Alternativen.

Ihr wollt sicher wissen, wie die Liquidierungsarbeiten auf Vesa vonstatten gingen. Erst gestern traf ein Bericht von Kantana ein. Sie hat tadellose Arbeit geleistet. Die Aktenrolle, die Yvette gefunden hat, enthielt tatsächlich Aufzeichnungen über Garsts schmutzige Geschäfte und ergab Hinweise auf weitere derartige Unterlagen. An Hand deren konnte man die Tätigkeit der Organisation bis in ihre Anfänge zurückverfolgen, bis in die Zeit vor mehr als zwei Jahrzehnten. Das Geld, das durch die Hände dieser Bande floß, betrug mehr als das Gesamt-Währungspotential mancher kleiner Welten! Ein unglaubliches System! Garst war ein Organisationsgenie, ich bin froh, daß er tot ist. Der Gedanke, daß er immer noch irgendwo seine Ränke schmieden könnte, wäre mir unerträglich. Wir sind schließlich nur durch einen Zufall auf ihn gestoßen.

Die meisten Verbrecher begehen einen Fehler und werden zu habgierig – Garst hingegen hielt sich diesbezüglich im Zaum. Er war jeweils immer nur hinter einer kleineren Anzahl von Touristen her – ein weniger kluger Mann als er hätte nach mehr gegiert. Und indem er die verhältnismäßig geringe Anzahl ständig beibehielt, kam er längere Zeit ungeschoren davon.«

Geistesabwesend verschob der Chef Papiere von einem Stapel zum anderen. »Als wir die Unterlagen zur Hand hatten, war es für Kantana ein leichtes, alle Bandenmitglieder auf Vesa festzunehmen, dazu Korrupte bei der Polizei, im Hotel und bei der Recycling-Anlage. Und nach Ihren Angaben, lieber Jules, konnten sie auch das Mörder-Schulungslager ausheben. Viel war davon allerdings nicht mehr übrig – Jakherdi hatte es in Brand gesetzt und die Leute weggeschickt, als er von Garsts Tod erfuhr – aber an Hand von Garsts Unterlagen konnten viele von ihnen noch festgenommen werden. Einigen der untersten Funktionsränge glückte es, im Gewimmel von Chandakha unterzutauchen, aber die führenden Köpfe wurden verhaftet.«

Jules rutschte ungeduldig auf seinem Sessel hin und her, nahm einen Schluck aus seinem Glas und machte ein nachdenkliches Gesicht. Als er sicher sein konnte, daß sein Chef zu Ende gesprochen hatte, begann er: »Auf der Fahrt zur Erde hatte ich Zeit zum Nachdenken. Für den Augenblick haben wir die Verschwörung auf Vesa zwar ausgelöscht, doch glaube ich nicht, daß wir damit das Problem vollständig lösen konnten.«

Der Chef zog fragend die Brauen hoch. »So? Wie meinen Sie das?«

»Nun, die eigentliche Bedrohung ist Chandakha selbst. Garst hätte nie sein System aufbauen können, hätte er nicht von dort ständigen Nachschub an Mördern gehabt. Er brauchte Hunderte, die so geldgierig waren, daß sie automatisch töteten, den Wert menschlichen Lebens völlig mißachtend. Chandakha ist der ideale Nährboden für diesen Menschentyp. Leben ist das Billigste, was es dort gibt. Die Menschen vegetieren in aneinandergedrängten Massen, das Verbrechen ist so weit verbreitet, daß die Anwerbung einer Würgergilde ein einfaches Unternehmen darstellt. Man braucht nur einen Menschen aus den Slums von Bhangora in die luxuriösen Kasinos auf Vesa zu bringen – es werden sich in ihm Haßgefühle gegen die Reichen aufstauen. Warum soll er sich nicht nehmen, was sie besitzen, wenn sich ihm dazu die Möglichkeit bietet? Die haben ja mehr als genug, und seine eigene Familie ist am Verhungern.«

Der Chef nickte bedächtig. »Was Sie sagen, stimmt natürlich. Und was schlagen Sie vor?«

»Man muß die Zusammenballungen der Menschen lockern, die Menschen mehr streuen«, sagte Jules mit Entschiedenheit. »Sie können nicht ewig so zusammengepfercht dahinvegetieren. Garst stellte für Chandakha so etwas wie ein Sicherheitsventil dar, obwohl ich bezweifle, daß ihm diese Zusammenhänge bewußt waren. Indem er jedoch den Abschaum der Gesellschaft von dort abzog, bewahrte er den Planeten davor, in unkontrollierbare Gewalttätigkeit zu verfallen. Jetzt fehlt ein solches Ventil. Wenn wir vermeiden wollen, daß Chandakha aus allen Nähten platzt, müssen wir die Bevölkerung verteilen, die Dichte vermindern.«

»Aber die anderen Kontinente des Planeten Chandakha sind unbewohnbar.«

Yvette fühlte, daß es nun an ihr lag, dazu etwas zu sagen. »Es gibt andere Planeten, viel dünner besiedelte, auf denen die landwirtschaftlichen Kenntnisse der Chandakhari von größtem Wert sein könnten. Ich würde Bargeldprämien vorschlagen, die es den Bürgern von Chandakha schmackhaft machen sollen, zu emigrieren. Viele sind in einer so verzweifelten Lage, daß sie auf das Angebot sicher eingehen würden.«

»Sehr schön«, sagte der Chef lächelnd. »Aber damit stehen wir vor einer reinen Geldfrage – Geld für die Beihilfen, Geld für den Transport, Geld für die Ansiedlung. Und woher sollen wir das viele Geld nehmen?«

»Ganz einfach«, erklärte Yvette. »Vesa verfügt über ausreichende Einnahmen. Man weiß dort nicht, wohin mit dem vielen Geld. Jetzt sind die Mörder ausgeschaltet, und es wird mehr Geld geben denn je. Der Kaiser könnte den Herzog von Chandakha veranlassen, eine Sondersteuer für diesen Zweck einzuführen, die von allen Gewerbetreibenden auf Vesa zu leisten wäre. Auf lange Sicht bezahlt Vesa damit einen vernünftigen Preis für seine Sicherheit.«

Das Lächeln des Chefs wurde breiter. »Mir gefallen eure

Überlegungen – besonders, da eure Gedanken mit den meinen so schön konform gehen. Erst gestern sandte ich dem Kaiser eine Denkschrift, in der ich einen Plan entwickelte, der mit dem Ihren fast identisch ist.«

Jules staunte. »Wirklich?«

»Ja, gelegentlich hat der Alte selbst auch ein paar gute Ideen auf Lager«, lachte der Chef augenzwinkernd. »Schließlich ist es wirklich nicht nur damit getan, entstandene Schwierigkeiten aus dem Wege zu räumen. Der Service ist letztlich für die totale Sicherheit des Imperiums verantwortlich und das beinhaltet auch das Aufspüren von Gefahrenzonen, bevor sie in Brand geraten. Auf diese Weise gestaltet sich das Lösen von Problemen viel einfacher. Ich muß allerdings zugeben, daß wir im Anfang auf Chandakha einige Fehler begangen haben – aber gerade deswegen liegt mir besonders viel daran, die Wiederholung von Fehlern zu vermeiden.«

»Glauben Sie, daß der Kaiser diesem Rat folgen wird?« fragte Yvette.

»Bill kennt mich inzwischen recht gut, und er weiß, daß ich solche Vorschläge nicht leichtfertig unterbreite. Ich kann mit fast hundertprozentiger Sicherheit sagen, daß er auf den Vorschlag eingehen wird. Er stimmte schon zu, als ich ihm eine neue Herzogin für Vesa vorschlug.«

»Ja, diese Frage stellte ich mir bereits. Was passiert mit Gindri?« fragte Jules.

Der Chef seufzte. »Gindri Lohlatt war eine schwache Person, die sich von diesem Garst beherrschen ließ. Sie wußte, was da vorging, hatte nicht die Absicht, etwas dagegen zu tun, solange sie bekam, was sie wollte. Sie wird vor dem Obersten Gerichtshof erscheinen müssen und wird mit Sicherheit verurteilt werden. Ich vermute, man wird sie nicht hinrichten, sondern auf Gastonia in die Verbannung schicken – ein Urteil, das einer Hinrichtung gleichkommt, da ihr Herz niemals der Beanspruchung einer erdähnlichen Schwerkraft standhalten kann. Auf jeden Fall ist das Amt unbesetzt, da sie keine Erben hat. Ich empfahl Seiner Majestät, er solle Marask Kantana zur neuen Markgräfin ernennen – und er war einverstanden.«

»Natürlich«, lächelte Yvette. »Sie ist die beste Wahl.«

»Ja«, sagte der Großherzog von Sektor vier, »das dachte ich auch. Aber sie lehnte ab.«

»Was?« riefen Jules und Yvette unisono.

»Sie war der Meinung, sie könne dem Imperium von größerem Nutzen sein, wenn sie mit der Arbeit im SOTE fortführe – und ich muß zugeben, daß mir der Gedanke, sie zu verlieren, gar nicht behagte. Da sie sich so sehr bemühte, im Service zu bleiben, gab der Kaiser schließlich ihrem Wunsch nach. Jetzt studiert er die anderen Politiker, die sich als Kandidaten gemeldet haben.«

»Diese Kantana ist hervorragend«, bemerkte Jules. »Es ist doch eigentlich eine Herabwürdigung für sie, auf einem Hinterwäldler-Planeten hängenzubleiben.«

»Das ist auch meine Meinung. Deswegen sah ich mich unlängst veranlaßt, ihre Unterlagen durchzusehen. Können Sie sich vorstellen, daß sie sich niemals dem Tausend-Punkte-Test stellte? Sie hat ihre Stellung als Chefin nur durch allmählichen Aufstieg erreicht – sie fing als gewöhnliche Agentin an – und da Chandakha relativ unbedeutend ist, fand sie zunächst keine große Beachtung. Ich ordnete die Nachholung des Testes an und entdeckte – ohne daß es mich sonderlich überrascht hätte –, daß sie 996 Punkte erreichte.«

Jules stieß einen leisen Pfiff aus. Der Tausend-Punkte-Test stellte eine Überprüfung der Gesamtperson dar, körperlich wie geistig. Jules war der einzige Tausend-Punkter, während seine Schwester um einen Punkt weniger hatte. Daß Kantana so knapp darunter rangierte, war für diese äußerst schmeichelhaft.

»Ja, wirklich.« Der Chef schien über Jules' Reaktion amüsiert. »Sobald sie mit der Arbeit auf Vesa zu Ende ist, wird sie bei mir als Chefsekretärin arbeiten. Sie wird viel herumreisen und potentielle Gefahrenherde – wie etwa Chandakha – aufzuspüren haben, ehe sie zu einem Brandherd werden.«

»Sicher wird sie hervorragende Arbeit leisten«, sagte Yvette. »Vielleicht werden dann ich und Jules überflüssig.«

Der Chef schüttelte den Kopf. »Unser Imperium umfaßt mehr

als 13000 Planeten. So gut Kantana auch sein mag – sie kann nicht überall sein. Nein, meine Freunde, solange es menschliche Gier und Korruption gibt, werden wir auf eure speziellen Dienste nicht verzichten können.«

Und wie gewöhnlich, sollte er recht behalten.

ENDE

SCIENCE FICTION ACTION

Die Taschenbuchreihe, in der die Zukunft zur Gegenwart wird. Erregende Abenteuer in der Unendlichkeit des Weltraums.

Band 21 185

E. E. »Doc« Smith

Die Jagdhunde der IPC

Die Jagdhunde der IPC sind die Angehörigen der Inter-Planetarischen Corporation, einer Art galaktischer Speditionsfirma.
Rätselhafte Überfälle auf Corporationsschiffe drohen die Flotte der IPC zu dezimieren.
Die Spur führt zum Jupiter, wo eine Gruppe von Super-Wissenschaftlern sich anschickt, die Herrschaft über das galaktische Sternenreich an sich zu reißen.

BASTEI LÜBBE

Sie erhalten diesen Band im Buchhandel, bei Ihrem Zeitschriftenhändler sowie im Bahnhofsbuchhandel.